随园食单

张戡——主编
[清]袁枚——著
李柳骥——译注

北京时代华文书局

图书在版编目（CIP）数据

随园食单 /（清）袁枚著；李柳骥译注 . -- 北京：北京时代华文书局，2024.10
（中华美好生活经典 / 张戬主编）
ISBN 978-7-5699-3499-1

Ⅰ.①随… Ⅱ.①袁…②李… Ⅲ.①烹饪－中国－清前期②食谱－中国－清前期③中式菜肴－中国－清前期 Ⅳ.①TS972.117

中国版本图书馆 CIP 数据核字（2020）第 009121 号

SUIYUAN SHIDAN

出 版 人：陈　涛
策划编辑：陈冬梅
责任编辑：胡元曜
责任校对：李一之
封面设计：甘信宇
版式设计：王艾迪
责任印制：刘　银　訾　敬

出版发行：北京时代华文书局 http://www.bjsdsj.com.cn
　　　　　北京市东城区安定门外大街 138 号皇城国际大厦 A 座 8 层
　　　　　邮编：100011　电话：010-64263661　64261528

印　　刷	河北环京美印刷有限公司			
开　　本	880 mm×1230 mm　1/32		成品尺寸：145 mm×210 mm	
印　　张	10.75		字　　数：240 千字	
版　　次	2024 年 10 月第 1 版		印　　次：2024 年 10 月第 1 次印刷	
定　　价	68.00 元			

版权所有，侵权必究
本书如有印刷、装订等质量问题，本社负责调换，电话：010-64267955。

清 — 居廉 — 《花卉奇石册十二开》

清 — 居廉 — 《花卉奇石册十二开》

清 — 居廉 — 《花卉奇石册十二开》

清 — 居廉 — 《花卉奇石册十二开》

清 — 居廉 — 《花卉奇石册十二开》

清 — 居廉 — 《花卉奇石册十二开》

清 — 居廉 —《花卉奇石册十二开》

清 — 居廉 — 《花卉奇石册十二开》

清 — 居廉 — 《花卉奇石册十二开》

清 — 居廉 — 《花卉奇石册十二开》

清 — 居廉 —《花卉奇石册十二开》

清 — 居廉 — 《花卉奇石册十二开》

目录

序 / 001

须知单

先天须知 / 003　　色臭须知 / 006　　洁净须知 / 009
作料须知 / 003　　迟速须知 / 007　　用纤须知 / 010
洗刷须知 / 004　　变换须知 / 007　　选用须知 / 010
调剂须知 / 004　　器具须知 / 007　　疑似须知 / 010
配搭须知 / 005　　上菜须知 / 008　　补救须知 / 011
独用须知 / 005　　时节须知 / 008　　本分须知 / 011
火候须知 / 006　　多寡须知 / 009

戒单

戒外加油 / 015　　戒停顿 / 017　　戒走油 / 019
戒同锅熟 / 015　　戒暴殄 / 017　　戒落套 / 020
戒耳餐 / 015　　　戒纵酒 / 018　　戒混浊 / 020
戒目食 / 016　　　戒火锅 / 018　　戒苟且 / 020
戒穿凿 / 016　　　戒强让 / 019

海鲜单

燕窝 / 025　　　　鳆鱼 / 026　　　乌鱼蛋 / 027
海参三法 / 025　　淡菜 / 027　　　江瑶柱 / 027
鱼翅二法 / 026　　海蝘 / 027　　　蛎黄 / 027

江鲜单

刀鱼二法 / 031　　鲥鱼 / 031　　班鱼 / 032
鲫鱼 / 031　　黄鱼 / 032　　假蟹 / 032

特牲单

猪头二法 / 035　　晒干肉 / 039　　糟肉 / 043
猪蹄四法 / 035　　火腿煨肉 / 040　　暴腌肉 / 043
猪爪、猪筋 / 036　　台鲞煨肉 / 040　　尹文端公家风肉 / 043
猪肚二法 / 036　　粉蒸肉 / 040　　家乡肉 / 043
猪肺二法 / 036　　熏煨肉 / 040　　笋煨火肉 / 044
猪腰 / 037　　芙蓉肉 / 040　　烧小猪 / 044
猪里肉 / 037　　荔枝肉 / 041　　烧猪肉 / 044
白片肉 / 037　　八宝肉 / 041　　排骨 / 044
红煨肉三法 / 038　　菜花头煨肉 / 041　　罗蓑肉 / 045
白煨肉 / 038　　炒肉丝 / 041　　端州三种肉 / 045
油灼肉 / 038　　炒肉片 / 042　　杨公圆 / 045
干锅蒸肉 / 039　　八宝肉圆 / 042　　黄芽菜煨火腿 / 045
盖碗装肉 / 039　　空心肉圆 / 042　　蜜火腿 / 046
磁坛装肉 / 039　　锅烧肉 / 042
脱沙肉 / 039　　酱肉 / 043

杂牲单

牛肉 / 049　　红煨羊肉 / 050　　獐肉 / 051
牛舌 / 049　　炒羊肉丝 / 050　　果子狸 / 051
羊头 / 049　　烧羊肉 / 050　　假牛乳 / 052
羊蹄 / 049　　全羊 / 051　　鹿尾 / 052
羊羹 / 050　　鹿肉 / 051
羊肚羹 / 050　　鹿筋二法 / 051

羽族单

白片鸡 / 055　　黄芽菜炒鸡 / 058　　野鸡五法 / 061
鸡松 / 055　　栗子炒鸡 / 058　　赤炖肉鸡 / 061
生炮鸡 / 055　　灼八块 / 058　　蘑菇煨鸡 / 062
鸡粥 / 055　　珍珠团 / 059　　鸽子 / 062
焦鸡 / 056　　黄芪蒸鸡治瘵 / 059　　鸽蛋 / 062
捶鸡 / 056　　卤鸡 / 059　　野鸭 / 062
炒鸡片 / 056　　蒋鸡 / 059　　蒸鸭 / 062
蒸小鸡 / 056　　唐鸡 / 060　　鸭糊涂 / 063
酱鸡 / 057　　鸡肝 / 060　　卤鸭 / 063
鸡丁 / 057　　鸡血 / 060　　鸭脯 / 063
鸡圆 / 057　　鸡丝 / 060　　烧鸭 / 063
蘑菇煨鸡 / 057　　糟鸡 / 060　　挂卤鸭 / 063
梨炒鸡 / 058　　鸡肾 / 060　　干蒸鸭 / 064
假野鸡卷 / 058　　鸡蛋 / 061　　野鸭团 / 064

徐鸭 / 064　　煨鹌鹑、黄雀 / 065　　烧鹅 / 066
煨麻雀 / 065　　云林鹅 / 065

水族有鳞单

边鱼 / 069　　鱼圆 / 070　　糟鲞 / 072
鲫鱼 / 069　　鱼片 / 071　　虾子勒鲞 / 072
白鱼 / 069　　连鱼豆腐 / 071　　鱼脯 / 072
季鱼 / 070　　醋搂鱼 / 071　　家常煎鱼 / 073
土步鱼 / 070　　银鱼 / 071　　黄姑鱼 / 073
鱼松 / 070　　台鲞 / 072

水族无鳞单

汤鳗 / 077　　炒鳝 / 079　　蛤蜊 / 082
红煨鳗 / 077　　段鳝 / 080　　蚶 / 082
炸鳗 / 077　　虾圆 / 080　　蝉螯 / 082
生炒甲鱼 / 078　　虾饼 / 080　　程泽弓蛏干 / 082
酱炒甲鱼 / 078　　醉虾 / 080　　鲜蛏 / 083
带骨甲鱼 / 078　　炒虾 / 080　　水鸡 / 083
青盐甲鱼 / 078　　蟹 / 081　　熏蛋 / 083
汤煨甲鱼 / 079　　蟹羹 / 081　　茶叶蛋 / 083
全壳甲鱼 / 079　　炒蟹粉 / 081
鳝丝羹 / 079　　剥壳蒸蟹 / 081

杂素菜单

蒋侍郎豆腐 / 087　　韭 / 090　　豆腐皮 / 094
杨中丞豆腐 / 087　　芹 / 090　　扁豆 / 094
张恺豆腐 / 087　　豆芽 / 091　　瓠子、王瓜 / 095
庆元豆腐 / 087　　茭 / 091　　煨木耳、香蕈 / 095
芙蓉豆腐 / 088　　青菜 / 091　　冬瓜 / 095
王太守八宝豆腐 / 088　　台菜 / 091　　煨鲜菱 / 095
程立万豆腐 / 088　　白菜 / 092　　豇豆 / 095
冻豆腐 / 089　　黄芽菜 / 092　　煨三笋 / 096
虾油豆腐 / 089　　瓢儿菜 / 092　　芋煨白菜 / 096
蓬蒿菜 / 089　　波菜 / 092　　香珠豆 / 096
蕨菜 / 089　　蘑菇 / 092　　马兰 / 096
葛仙米 / 089　　松菌 / 093　　杨花菜 / 096
羊肚菜 / 090　　面筋三法 / 093　　问政笋丝 / 097
石发 / 090　　茄二法 / 093　　炒鸡腿蘑菇 / 097
珍珠菜 / 090　　苋羹 / 094　　猪油煮萝卜 / 097
素烧鹅 / 090　　芋羹 / 094

小菜单

笋脯 / 101　　玉兰片 / 101　　宣城笋脯 / 101
天目笋 / 101　　素火腿 / 101　　人参笋 / 102

笋油 / 102　　　腐干丝 / 104　　　吐蛈 / 107
糟油 / 102　　　风瘪菜 / 104　　　海蜇 / 107
虾油 / 102　　　糟菜 / 105　　　虾子鱼 / 107
喇虎酱 / 102　　　酸菜 / 105　　　酱姜 / 107
熏鱼子 / 103　　　台菜心 / 105　　　酱瓜 / 107
腌冬菜、黄芽菜 / 103　　　大头菜 / 105　　　新蚕豆 / 108
莴苣 / 103　　　萝卜 / 105　　　腌蛋 / 108
香干菜 / 103　　　乳腐 / 106　　　混套 / 108
冬芥 / 103　　　酱炒三果 / 106　　　茭瓜脯 / 108
春芥 / 104　　　酱石花 / 106　　　牛首腐干 / 108
芥头 / 104　　　石花糕 / 106　　　酱王瓜 / 109
芝麻菜 / 104　　　小松菌 / 106

点心单

鳗面 / 113　　　颠不棱（即肉饺也）/ 115
温面 / 113　　　肉馄饨 / 115
鳝面 / 113　　　韭合 / 115
裙带面 / 113　　　面衣 / 115
素面 / 113　　　烧饼 / 116
蓑衣饼 / 114　　　千层馒头 / 116
虾饼 / 114　　　面茶 / 116
薄饼 / 114　　　杏酪 / 116
松饼 / 115　　　粉衣 / 117
面老鼠 / 115　　　竹叶粽 / 117

萝卜汤圆 / 117
水粉汤圆 / 117
脂油糕 / 117
雪花糕 / 118
软香糕 / 118
百果糕 / 118
栗糕 / 118
青糕、青团 / 118
合欢饼 / 118
鸡豆糕 / 119
鸡豆粥 / 119
金团 / 119
藕粉、百合粉 / 119
麻团 / 119
芋粉团 / 120
熟藕 / 120
新栗、新菱 / 120
莲子 / 120

芋 / 121
萧美人点心 / 121
刘方伯月饼 / 121
陶方伯十景点心 / 121
杨中丞西洋饼 / 121
白云片 / 122
风枵 / 122
三层玉带糕 / 122
运司糕 / 122
沙糕 / 123
小馒头、小馄饨 / 123
雪蒸糕法 / 123
作酥饼法 / 124
天然饼 / 124
花边月饼 / 124
制馒头法 / 125
扬州洪府粽子 / 125

饭粥单

饭 / 129

粥 / 129

茶酒单

茶 / 133
武夷茶 / 134
龙井茶 / 134
常州阳羡茶 / 134
洞庭君山茶 / 134
酒 / 135
金坛于酒 / 135
德州卢酒 / 135

四川郫筒酒 / 136
绍兴酒 / 136
湖州南浔酒 / 136
常州兰陵酒 / 136
溧阳乌饭酒 / 137
苏州陈三白 / 137
金华酒 / 137
山西汾酒 / 138

原文和注释 / 147

序

诗人赞美周公说,"装满食物的器具,摆放整齐",厌恶凡伯无能说,"叫别人吃粗食,他自己反而吃细粮"。可见古人对饮食是多么重视啊!又如其他的像《周易》说到了用鼎烹煮食物,《尚书》提到了用盐、梅子调味,《论语·乡党》《礼记·内则》则反复提到饮食细节;而孟子虽然看不起讲究吃喝之人,却又说饥饿、口渴的人不可能懂得食物的美味。可见,凡事要想做得对、做得好,绝非易事。《礼记·中庸》说:"人都要吃喝,但很少有人能品尝出饮食中的滋味。"《典论》说:"富一辈者只知道建造舒适的住处,富三代者才讲究穿衣吃饭。"古人敬神祭祖时,鱼脊的朝向、切肺的方法都有一定的规矩,从不马虎。"孔子和别人一起唱歌,如果人家唱得好,一定请他再唱一遍,然后跟着他唱和。"孔子对唱歌这等小事都能虚心好学,实在难能可贵。我很敬仰这种精神,所以每次在别人家品尝到美食之后,总是让家厨前往拜师学艺。四十多年来,我广泛搜集了各家出色的烹饪技法。有的已经学成了,有的掌握了十之六七,有的只粗通二三,也有完全失传的。但我都逐个讨教过烹饪技法,汇集保存了下来。虽然有些烹饪方法记得不太清楚,却也记下是某家某菜,以表仰慕之情。我认为有热爱学习的心,就应该做到这样。当然,旧法陈规束缚不了名厨,即使名家之作也未必全对,因此烹饪不能只拘泥于古老的菜谱所记的方法；然而，如果能按书上所说的老规矩去实践，至少也不会犯大错。这样当人们置办酒席的时候，也有章可循。有人说："人心各异，犹如千人千面，您怎么能肯定天下人的口味都和您口味一致呢？"我想说："按照一定的方法去做，结果不会差太多。我虽然不能强求众人口味和我一样，但这并不妨碍我把自己喜欢的美食与人分享；饮食虽是小事，但对于忠恕之道，我已尽心尽力，还有什么可遗憾的呢？"至于《说郛》所载三十多种饮食之书，陈眉公、李笠翁饮食方面的著作，我都曾对照着亲手制作书中所提菜肴，皆是气味不佳、难吃至极，多半是见识短浅的无聊书生的牵强附会之语，本书并未采纳。

须知单

做学问的道理,在于先学习了解,再动手实践,烹调食物也是这样。在这里,我撰写了须知单。

先天须知

世上所有事物都有它先天的特质，就像人各有不同的天资、禀赋一样。人如果天生愚蠢，就算孔子、孟子亲自教导，也无济于事；同样的道理，如果食材本性低劣，即使让易牙这样的名厨来烹调，也难成美味佳肴。概括而言：猪肉以皮薄为佳，不可有腥臊味；鸡最好选用肥嫩的阉过的鸡，不可太老或太小；鲫鱼以身扁肚白为好，黑背乌脊的鲫鱼肉体僵硬，放在盘中，品相不佳；鳗鱼以生在湖泊、溪流中的为好，而江生之鳗鱼骨刺纵横交错，口感不佳；用谷物喂养的鸭子，肉质白嫩肥硕；沃土中长出的竹笋，竹节少而味道鲜甜；同是火腿，质量好坏不一，味道有天壤之别；同是产自浙江台州的干鱼，味道有优有劣，如同冰炭不容。其他食物原料，都可以依此类推。大体上，一桌精美的菜肴，厨师手艺占六成功劳，而采购食材之人的水平也要占到四成功劳。

作料须知

厨师使用的调料，就像妇女的衣服和首饰。有的女子虽然天生丽质，也善于涂脂抹粉，但假如穿着破烂，即使是西施也难以展示其美。精于烹调的人，用酱当用夏日三伏天制作的，还要先品尝味道是否甜美；油要用芝麻油，还要识别是生油还是熟油；酒要用发酵的江米酒，还要过滤掉酒糟；醋要用米醋，还要澄澈透亮。而且酱有淡浓的区别，油有荤素的差别，酒有酸甜的不同，醋有新陈的异同，使用时不能有丝毫的差错。其他如葱、花椒、生姜、桂皮、糖、盐等，虽使用不多，但也都应选上等的货色。苏州店铺所卖的酱油，有上、中、下三等。镇江醋虽颜色好看，但酸味不足，失去了醋的本性。醋以板浦醋最好，其次是浦口醋。

洗刷须知

清洗食材要讲究方法：燕窝要拣净残留的燕毛，海参要冲洗淤泥，鱼翅要刷去沙子，鹿筋要去除腥臊。猪肉里的筋瓣要用刀剔净，烹调时才能烧得酥软；鸭肾臊味浓重，削掉后鸭肉才干净没异味；鱼胆一破，全盘肉都会发苦；鳗鱼黏液洗不净，满碗鱼都会腥；韭菜去叶留白茎，白菜去边留菜心。《礼记·内则》中说的"鱼去鳃骨，鳖去肛门"就是这个道理。俗话说："如果想要做出来的鱼味道好，必须把鱼洗得白筋露出来才行。"它说的也是这个道理。

调剂须知

给食物调味的方法，根据食材而定。有的菜式须酒和水一起用，有的只用酒不用水，有的则只用水不用酒；有的菜式盐和酱都得用，有的只用酱不用盐，有的只用盐不用酱；有的食物太肥腻，要先用油煎一下；有的食材气味太腥，要先用醋喷；有的食材必须用冰糖来提鲜；有的食物最好烧到不留汤汁，这样能让味道进入食材，一般煎炒的菜即是如此；有的菜式以汤汁多为好，这样能使食材味道散于汤中，一般是口味清爽且要求食物浮于汤上面的菜。

配搭须知

俗话说:"什么样的女子就配什么样的丈夫。"《礼记》也说:"判定一个人,必须将他与同类的人做比较。"烹调方法与这些有什么差异呢?凡烧制一道菜,必须有辅料搭配。清淡的菜肴搭配清淡的辅料,浓重的菜肴搭配浓重的辅料,柔和的菜肴配合柔和的辅料,刚烈的菜肴配合刚烈的辅料,这样才能做出融合美味的菜肴。食材中,既可配荤也可配素的有蘑菇、鲜笋、冬瓜等;可配荤不可配素的有葱、韭、茴香、新蒜等;可配素不可配荤的有芹菜、百合、刀豆等。经常看到有人把蟹粉放进燕窝,把百合与鸡肉、猪肉同烹,这就好比尧这样的圣贤明君与苏峻这样的乱臣相对而坐,难道不是荒谬透顶吗?当然也有把非同类食材放在一起而使食物变得更加出色的,如炒荤菜用素油、炒素菜用荤油。

独用须知

味道过于浓烈的食材,只适合单独使用,而不适合搭配其他食材。就像李德裕、张居正一类的人物,只有独行,才能充分发挥才干。食物中的鳗鱼、甲鱼、螃蟹、鲥鱼、牛肉、羊肉等,都应单独食用,不可另配他物。为什么呢?因为这些食物味道浓厚、力道很大,但缺点也很多,需要用五味调和,精心尽力烹制,才能得其美味,而去其不正之味。而这样麻烦的话,哪里还顾得上舍弃其本味而在意其他辅料呢?金陵人喜欢用海参配甲鱼,鱼翅配蟹粉,我见了就不禁眉头紧皱。甲鱼、蟹粉的味道,并不足以分给海参和鱼翅;而海参和鱼翅的不正之味,甲鱼和蟹粉很容易就沾上了。

火候须知

把食物烹煮至熟,最重要的就是掌握火候。有的要用武火,如煎、炒等,火小了菜就容易疲沓失色。有的要用文火,如煨、煮等,火大了食物就容易干枯变硬。有的要先用武火后用文火,烧熟后需要收汤汁的菜即是如此,太着急的话,就会把食物表皮都烧焦了但里面还不熟。有些食材越煮越嫩,如腰子、鸡蛋之类。有些食材稍煮就会变老,如新鲜的鱼、蚶子、蛤蜊之类。烹煮肉类,起锅迟了,肉就会由红变黑;烹煮鱼类,起锅晚了,鱼肉就会由鲜肉变成死肉。烹煮时不断掀开锅盖,菜肴就会泡沫多而香味少。中间熄火再烧,就会因脂肪流失而失味。这就像道士炼丹要经过多次提炼才制成仙丹,而儒家则把不过头、比较接近奉为行为的标准。厨师如果能了解火候且小心掌控,那就基本掌握了烹饪要领。鱼临上桌时,如果颜色莹白如玉,肉凝而不散,就是活肉;如果颜色呆白如粉,肉质松散,就是死肉。明明是鲜鱼,却把它做得像死鱼,那就是可恨之极了。

色臭须知

眼睛和鼻子是嘴巴的近邻,也是嘴巴的帮手。一道好菜放在眼睛和鼻子前,它的颜色和气味就与一般菜不同。有的菜肴干净清爽,就像秋天的云彩;有的菜肴颜色像琥珀一般艳丽,芳香之气扑鼻而来,不用牙咬,不用舌尝,便可知其美味。但是要让菜的颜色美艳,不能用糖炒;要给菜肴提香,亦不能用香料。因为一旦刻意地追求调味,就会伤及食物本身最美好的滋味。

迟速须知

凡是有人宴请客人，往往提前三天就约好了，这样就有充分的时间置办各种菜品。但如果突然有客人来访，急需准备便饭；或乘船住店，在外做客，该怎么办呢？毕竟我们不能取东边的海水去救南边城池的大火。所以我们必须预先准备一些应急菜式，比如炒鸡片、炒肉丝、炒虾米豆腐，或者是糟鱼、火腿之类的，这些能在短时间内备好上桌的菜肴显示了烹饪者技艺的高超，厨师们不可不掌握一二。

变换须知

每种食材都有自己独特的味道，不能一概而论。如同圣人教授学生，总是因材施教，不拘泥于同一种方式。所以说君子总是在帮助别人，成全他们的好事。现在有些庸俗的厨子，动不动就把鸡、鸭、猪、鹅一锅同煮，结果是人人效仿，做出来的菜味道相同，吃着都跟吃蜡一样，没有一点味儿。我想，如果鸡、猪、鹅、鸭有灵魂的话，一定会到枉死城中去鸣不平。善于做菜的厨师，必须多备锅、灶、盂、钵之类的器具，使食物各显特色，每道菜肴各成一味。这样，美食家品尝着层出不穷的美味佳肴，自然心花怒放。

器具须知

古话说，好的食物比不上好的器物，这句话很正确。然而明代宣德、成化、嘉靖、万历年间生产的瓷器极为昂贵，如果用来盛菜，会担心损坏，倒不如全用本朝御窑烧制的瓷器，这也是非常高雅、优美的。只是该用碗的时候就用碗，该用盘的时候就用盘，该用大的就用大的，该用小的就用小的，各种器皿参差错落地摆在席上，才会让席面美观增色。如果非要呆板地一律按十大碗、八大盘这样的规矩摆放，就会显得粗鄙俗套。一般说来，珍贵的菜肴适宜用大的器皿装，普通的菜品适宜用小的器皿装；煎炒的菜适合装盘，汤羹之类适合装碗；煎炒菜式宜用铁锅，煨煮食物适合用砂锅。

上菜须知

上菜的方法：咸的先上，清淡的后上；味浓的先上，清爽的后上；无汤的菜先上，有汤的菜后上。天下的食物原本就有五种味道，不能只用一个"咸"来概括。估计客人吃饱了，脾脏也困乏了，就要用辛辣之味来刺激食欲；考虑到客人酒喝多了，肠胃也疲惫了，那就用酸甜的菜品来帮他提神醒酒。

时节须知

夏季白天长且炎热，如果牲畜宰杀得太早，肉就会腐败变质；冬季白天短且寒冷，如果烹调时间短了，菜肴就不易熟透。冬天适合吃牛羊肉，如果改到夏天食用，就不合时宜；夏天适合吃腊味食品，改到冬天吃，也不合时令。至于调料，夏季应当用芥末，冬季应当用胡椒。冬天腌制的咸菜本来不值钱，但在三伏天能吃到，也会被当成珍宝；边笋本来也是廉价的东西，但能在凉爽的秋天得而烹之，也会被人视为珍贵的食物。有些东西早于应季的时候吃，味道更美，像三月吃鲥鱼；也有过了季节反而更好吃的，像四月吃芋头。其他也可类推。而有些东西过了时节就不能吃了，如萝卜过季会空心，山笋过季味会发苦，刀鱼过季骨头会变硬。所以，万物生长，四时有序，盛时一过，皆精华耗尽，就只好都撩起衣衫退出历史舞台。

多寡须知

一道菜中，贵重的原料应多放些，而便宜的原料用量要少。煎炒的菜式，如果原料放多了，火力不够，肉质就不会酥松。所以一盘荤菜，猪肉不能超过半斤，鸡肉、鱼肉不能超过六两。也许有人会问："不够吃怎么办？"我想说："等吃完后再炒一盘就是了。"有的菜，必须量大才美味，比如白煮肉，没有二十斤以上，就平淡无味。粥也是这样，没有斗米下锅，米汤就不黏稠，同时要控制用水，如果水多米少，粥味道也会淡薄。

洁净须知

切过葱的刀，不能再去切笋；捣花椒的臼，不能再用来捣米粉。闻到菜有抹布味，肯定是抹布不干净；闻到菜有砧板味，肯定是因为砧板不干净。"工匠要做好自己的工作，必须首先准备好自己的工具。"一个优秀的厨师先要讲究勤磨菜刀、勤换抹布、勤刮砧板、勤洗双手，然后再做菜。至于他嘴里的烟灰、头上的汗水、灶上的苍蝇蚂蚁、锅上的烟灰煤灰，一旦玷污了菜肴，即使是已经经过精心烹制，也像西施沾染了污秽之物，人人见了都会掩鼻走过。

用纤须知

我们通常把豆粉叫作"纤",这是说烹饪时要用豆粉,就像拉船时要用纤绳一样,这是从它的名称去了解它的意义。比如,制作肉团时不易黏合,想做羹汤却不能过分油腻,这就可以用豆粉来牵合。煎炒肉食时,如果肉直接接触锅,就容易变焦变老,可用豆粉裹在表面以保持肉的鲜嫩。这就是用纤的意义所在。能理解豆粉作用的厨师,用纤就能恰到好处,否则会弄得一塌糊涂,十分可笑。据《汉制考》记载,齐国人把曲麸称为媒,媒就是纤的意思。

选用须知

选用食材的方法:小炒肉要用猪后腿上部的肉,做肉丸要用猪前腿肉,煨肉则要用猪肋条骨下的板状肉;炒鱼片一般用青鱼、鳜鱼,做鱼松用草鱼、鲤鱼;蒸鸡就用小鸡,煨鸡用阉鸡,炖鸡汤要用老母鸡;母鸡肉更鲜嫩,公鸭肉更肥腻;莼菜用头端嫩叶,芹菜、韭菜用根茎。这些都是确定的方法,其他食材的选用可依此类推。

疑似须知

菜肴的味道可以醇厚,但不可油腻;可以清新鲜美,但不可淡薄。这是很难掌握的技巧,往往极细小的差错都会铸成大错。想要味道醇厚,就要多取其精华而去其糟粕;如果只是贪图肥美、细腻,倒不如专门去吃猪油。想要味道清新鲜美,就要突出食材本味而不让其沾染杂味;如果一味贪恋淡薄、寡味,那不如直接去喝清水。

补救须知

　　名厨高手烹调菜肴，咸淡适中，老嫩得当，本来不需要任何补救。但还是不得不对普通厨师说一些补救之法：调味时宁可清淡也不可太咸，淡可加盐来补救，太咸就不能使菜再变淡；烹鱼时宁可嫩不可老，嫩了可以增加火候来补救，老了就不能使其再变嫩。做菜的关键在于，下调料时要仔细地观察火候的变化，这样就可以弄明白其中的道理了。

本分须知

　　满人做菜，大多烧煮；汉人制肴，多为羹汤。大家自幼都是如此学习，所以各有擅长。汉人宴请满人，满人宴请汉人，各以擅长之菜而非对方习惯之菜招待，反而让人觉得可口新鲜，不会像邯郸学步一样，丢失自己的特色。而现在的有些人忘了本分，刻意讨好客人，汉人请满人时用满菜，满人请汉人时用汉菜，结果是依样画葫芦，空有虚名而无实际内容，真是"画虎不成反类犬"啊。秀才入考场应试，只要专心写好自己的文章，务求出众，自会有人赏识；而如果一味模仿某位宗师的文章，或者刻意写逢迎某位考官的文章，那样只是略得肤浅的学识，难获真才实学，终生难获功名。

戒单

当官的人,为百姓谋求一项利益,不如除去一个弊端。如果他能除去饮食上的弊端,那么他对饮食之道就领悟得差不多了。在这里,我写了戒单。

戒外加油

　　水平一般的厨师做菜，动不动就熬一锅猪油，临上菜时，用勺舀出一些浇在各种菜上，他认为这样能使菜肴更加肥美滑嫩。甚至连燕窝这样极清淡的食物，他也用这样的方法制作，玷污了燕窝的本味。但一般人不懂，还狼吞虎咽，认为能多吃得一些油脂入腹。这些人简直就像是饿鬼投胎。

戒同锅熟

　　不同食物一锅混煮的弊端，已在前面"变换须知"一条中列出。

戒耳餐

　　什么是耳餐？耳餐就是片面追求菜品的名声。贪图食物昂贵的说法，夸大宾客的谢意，所以这菜是给耳朵吃的，并不是给嘴巴吃的。其实这些人不知道，豆腐烹调得法，味道远胜燕窝；海鲜烧得不好，味道还不如新鲜蔬笋。我曾将鸡、猪、鱼、鸭称为菜中豪杰，是因为它们各有本味，自成特色，独立成肴；而海参、燕窝则像平庸浅陋之人，全无个性，只能借助其他食物调配才能成味。我曾见到一位太守请客，碗大如缸，盛满了用清水煮的四两燕窝，我食之无味，其他客人却争相夸赞。我开玩笑说："我们是来吃燕窝的，不是来卖燕窝的。"燕窝数量多得像贩卖但不好吃，再多又有什么用呢？如果只为被人虚夸体面，倒不如直接在碗里放入百粒明珠，价值万金，谁还管它能吃不能吃呢？

戒目食

什么叫目食？所谓目食，就是菜肴贪多。现在有人贪慕用餐丰盛奢华的虚名，将碗盘堆了满桌，所以这菜是给眼睛吃的，不是给嘴巴吃的。他们不知道，名家写字，写多了一定存在有毛病的地方；名人作诗，作多了也会有显得累赘的句子。名厨即使竭尽心力，一天之内能做出四五样上好菜品，已是不易，何况要应付那些乱七八糟的酒席呢？即使有多人帮厨，也是各有见解，全无规则，人越多越糟。我曾到一商人家赴宴，光菜品就换了三次席，还有十六道点心，食物共计四十多种。主人自我感觉良好，十分愉悦，而我离席回家后还得煮粥充饥。可见那酒席虽菜肴丰盛，却品位不高。南朝孔琳之曾说："现在的人吃饭贪求奢华，除了几样可口的以外，多数都是用来饱眼福的。"我认为菜肴如果胡乱摆放而导致气味污浊，就算只是眼睛看了也会感到不舒服的。

戒穿凿

任何事物都有自己的本性，不可以牵强行事。顺其自然，即能成精细巧妙之作。比如燕窝，本身就是佳品，何必捶碎后再团成一团？海参也不错，何必把它熬成酱？西瓜切开后，时间略长就不新鲜了，竟然还有把西瓜做成糕的。苹果熟透了，吃起来就不脆了，竟然还有人把它蒸过之后做成果脯的。其他像《遵生八笺》中记载的秋藤饼、李笠翁说的玉兰糕，都太矫揉造作，就像把杞柳编成杯棬，全失了其自然大方的本性。又比如日常的道德行为，能真正做好便可算作圣人，又何必故弄玄虚、行为古怪以求虚名呢？

戒停顿

要想食物味道鲜美，充分掌握起锅时机很重要。稍有停顿和耽误，就会像发了霉的衣服，即使是上等的绫罗绸缎，也会让人觉得色泽灰暗、霉味可憎。我曾遇到性子急的主人，每次宴客一定把所有菜一起摆上席。于是厨师只好先将全部菜做好，然后放在蒸笼中等候主人催取，然后一起端上桌。这样的菜怎么能美味？高明的厨师做菜，每盘每碗都是要费尽心思的；而到了食客那里，如果是粗暴鲁莽、囫囵吞枣，那就像是得到了哀家梨这样新鲜美味的梨子，却非得要蒸熟吃一样。我曾到广东东部吃过杨兰坡知府家美味的鳝鱼羹，我向他打听味美的原因，他说："只不过是现杀现烹、现做现吃，没有耽搁罢了。"其他食物都可依此类推。

戒暴殄

暴虐者不会体恤人力的耗费，糟蹋者不会珍惜物品的消耗。鸡、鱼、鹅、鸭，从头到尾，都有其独特味道，不应该取用少而丢弃多。我曾见有人烹制甲鱼，专取甲鱼的软边而不知道真味在肉中；也曾见人蒸鲥鱼时，专吃鱼腹而不知鲜味全在鱼背。生活中最便宜的莫过于腌蛋了，它最好的地方在蛋黄而不在蛋白，但如果把蛋白全部扔掉而专吃蛋黄，那么吃的人也会觉得索然无味。我这样说，并非作为世俗的人在给自己积福积德，而是假如浪费一些能使食物更加美味，倒也说得过去；

但如果浪费了食材，反过来又影响菜品美味，何苦这么做呢？至于用烧旺的炭火去烤活鹅掌，用刀剜取活鸡的肝，都是君子不忍心做的。为什么？因为活物为人所食，可以宰杀它，但让它受尽折磨、求死不得却是不可取的。

戒纵酒

　　事情的是与非，只有头脑清醒的人才能分辨；味道的好与坏，也只有头脑清醒的人才能判断。伊尹曾说："食物味道的精细、微妙之处是不能用语言表达的。"头脑清醒的人尚且难以用语言表达，那么那些大喊大叫的醉酒之徒，又怎么能品尝出菜的味道呢？常常见到那些酒徒，划拳酗酒，吃佳肴如嚼木屑，心不在焉。他们一心向酒，其余的事一概不知，而烹饪出来的好菜就这样被糟蹋了。如果有人非要喝酒，也应该先在正席品尝佳肴，吃完离席后再去彰显自己喝酒的能力，这样或许可以两头兼顾。

戒火锅

　　冬天请客，人们大都习惯用火锅。席上火锅中热汤翻滚，沸腾有声，已经令人生厌；再加上菜品不同，火候不一，有的适宜文火，有的适宜武火，该撤火时撤火，该添火时添火，时间不能出现一点差错，但现在一律用火锅来乱煮，这样的菜还有什么可品尝的？最近有人用烧酒代替木炭，以为找到了好办法，却不知食物经过多次煮沸总是要变味的。有人可能会问："菜冷了怎么办？"我想说："假如刚起锅的滚烫的菜，客人没有马上吃光，还能留着直到凉了，那么这个菜的味道之差也就可想而知了。"

戒强让

提前准备食具以设宴待客，是一种礼仪。然而菜既上桌，理应让客人举筷自行选择，肥瘦整碎，各取所好，主随客便才是最好的待客之道，何必强劝客人食用佳肴？我曾见过主人用筷子夹了菜，还堆放在客人面前，把盘子弄脏了、碗也装满了，令人生厌。要知道客人既不是没手没眼的人，也不是小孩子、新娘子会因害羞而忍饥挨饿，那又何必以乡村老妇、小户人家之道待客？这才是极度怠慢客人！近来歌伎中这种恶习尤盛，用筷子夹菜硬塞入客人口中，好比强奸，特别可恶。长安就有位非常好客的人，但菜品并不好。有个客人问："我和您算是好友吧？"主人说："当然是好友！"客人便跪下请求说："如果真是好朋友的话，我有一个请求，您答应后我才起来。"主人惊讶地问："有何请求？"客人说："以后您家请客，千万不要再邀请我了。"在座所有的人都大笑起来。

戒走油

鱼、肉、鸡、鸭这些虽然都是肥美的食材，但必须让它们的油脂留在肉里，不能外溢到汤里，这样才能保存它们的味道而不散失。如果肉里的油脂有一半溶解在汤中，那么汤的味道反而留在肉外面了。造成这种弊病的原因有三种：一是火力太猛，煮得太快，水干了，多次重复加水；二是火忽然停了，断火后再烧；三是急于观察肉是否煮好了，多次揭开锅盖查看，这样必令油脂流失。

戒落套

唐诗最好，但唐朝五言八韵的试帖诗，名家不会选它，为什么？因为它太落俗套。作诗尚且如此，烹饪也是一样的。现今官场的菜品，有"十六碟""八簋""四点心"等说法，有"满汉全席"的说法，有"八小吃"的说法，有"十大菜"的说法，这些庸俗的名称都是水平低劣的厨师遵守陈规陋习想出来的。这些只适合用在亲家上门、上司做客时以敷衍应付；再配上椅披桌围，插屏香案，不断作揖下拜，这才相称。如果是自己家宴请亲朋，饮酒赋诗，怎么能落入这种俗套？主家必须根据客人需要，盘碗交错摆放，菜肴整散错杂，这样才有名贵的气派。我家举办寿筵婚席时，动不动就五六桌之多，从外面请厨师来做，也难免落入俗套；但是经过我的训练，也能按照我的要求行事，不过菜肴味道终究还是与平常有所不同。

戒混浊

混浊不是浓厚。同样是汤，有的汤看上去不黑不白，像缸里被搅浑的水；同样是卤，有些卤吃起来不清爽不滑腻，像染缸里倒出的浆水。这些菜的颜色和味道实在令人难以忍受。补救的方法其实在于把食物洗干净，善于添加作料，一边观察水和火候，一边品尝是酸是咸，不要让吃的人舌头上有隔着皮隔着膜的恶心感觉。庾信在他的文章中说："索然无味，没有真气，昏聩糊涂，俗心迷乱。"他说的就是这种混浊的状况。

戒苟且

任何事都不应马虎凑合，对待饮食更是如此。厨师多是地位低下之人，只要一天不严加赏罚，就必生懒惰懈怠的念头。今天做出的菜肴如果火候没到，你将就下咽不提意见，那么明天的菜必定烧得更生；这次如果把菜烧得失去了真味，你还容忍不说，那么他下次做的羹汤一定更加草率，而且这种事会不断发生。这样你之前的赏罚都是空谈。所以对于做得好的，你一定要指出他们做得好的缘由；做得差的，一定要指出烹饪不当的原因。口味咸淡要适宜，不能随便加减调料；制作时间一定要把控得当，不可随意装盘出菜。厨师偷懒，贪图安逸，食者随便，只求果腹，都是饮食大忌。详细询问、谨慎思考、明确分辨，是做学问的方法；随时加以指点，教和学相互促进，共同提高，是做老师的责任。饮食烹调，又何尝不是如此呢？

海鲜单

古代八珍里并没有海鲜,现在的人崇尚海鲜,所以我也不得不顺应大众,在这里写了海鲜单。

燕窝

燕窝是珍贵之物，原本不轻易使用。如果使用，每碗必须用二两，先用煮沸的天泉水浸泡，用银针挑去里面的黑色杂质；再用嫩鸡汤、上好的火腿汤、新鲜的蘑菇汤一起炖燕窝，以看到燕窝变成玉色为标准。燕窝极其洁净，不可以和油腻的食材混杂在一起；燕窝极其柔滑，也不可以和质地较硬的食物混合在一起。如今有人把肉丝、鸡丝与燕窝混合同煮，这是吃鸡丝、肉丝，不是吃燕窝。而且这往往是在追求燕窝的虚名，仅用三钱生燕窝盖住碗口处，就像几根白头发，食客筷子一挑就不见踪影，只剩下满碗粗俗食物。这恰似乞丐卖弄财富，反倒露出穷酸相来。实在不得已要选配料的话，可以使用蘑菇丝、笋尖丝、鲫鱼肚、嫩野鸡片。我到粤东时吃过杨知府家做的冬瓜燕窝，特别美味，是用柔软的搭配柔软的，将清爽的融入清爽的，只是多用鸡汁、蘑菇汁罢了，里面的燕窝都呈玉色，而非纯白色。也有人把燕窝做成团子或敲成粉末做成菜的，都属牵强的做法。

海参三法

海参本是没有味道的食物，而且泥沙多、气味腥，最难做成美味佳肴。海参天性浓重，千万不可用清淡之汤来煨煮。须选小刺参，先浸泡以洗去泥沙，再用肉汤煮开三次，然后用鸡汤、肉汤将海参煨到烂熟的程度。可以香菇、木耳等作为辅料，因为它们都是黑色食物，颜色相配。一般次日请客，提前一天就得煨煮，这样海参才会软烂。我常见到钱观察家夏天烹制海参是用芥末、鸡汁凉拌海参丝，味道很好；或把海参切成碎丁，加笋丁、香菇丁放入鸡汤煨煮成羹也不错。蒋侍郎家用豆腐皮、鸡腿、蘑菇煨海参，做出来的菜也很美味。

鱼翅二法

鱼翅很难煮烂，要煮两天才能化掉鱼翅的刚硬使它变得柔软。做鱼翅有两种方法：用好火腿、好鸡汤，加鲜笋、一钱左右冰糖煨烂，这是一种做法；在纯鸡汤里加细萝卜丝煨煮，并拆碎鱼翅掺在里面，细丝漂浮在汤面上，使食客难以分辨细萝卜丝和碎鱼翅，这是另一种做法。如果用火腿的话，汤要少一点；用萝卜丝的话，汤要多一点，总之要让鱼翅柔腻融洽才好。假如海参因生硬而碰到鼻尖，鱼翅因硬直滑落盘外，那就闹笑话了。吴道士家做鱼翅，不用鱼翅的下半段，只用厚实的上半部分，做出来的菜也很有风味。萝卜丝要焯三次水，才能去掉异味。我常在郭耕礼家吃鱼翅炒菜，味道绝妙，可惜没有学到他的烹制之法。

鲍鱼

鲍鱼的最佳吃法是炒薄片。杨中丞家把鲍鱼切成片放入鸡汤豆腐里，上面再浇上陈糟油，这个菜叫作"鲍鱼豆腐"；庄太守家把大块鲍鱼和整鸭一起煨煮，也别有风味。但鲍鱼肉质坚硬，单靠牙齿很难咬断，要用火煨煮三天才能烂熟。

淡菜

用淡菜煨肉加些汤，味道非常鲜美，或去掉淡菜的内脏，然后用酒炒也可以。

海蝘

海蝘是宁波的一种小鱼，味道和虾米差不多，用它来蒸蛋很好吃，当小菜也行。

乌鱼蛋

乌鱼蛋的味道最为鲜美，也最难烹制。必须把河水烧开去煮乌鱼蛋，以除去它的沙砾和腥臊味，再加鸡汤、蘑菇煨烂。龚云若司马家的这道菜做得最地道。

江瑶柱

江瑶柱产于宁波，做法与蚶子、蛏子一样。它最鲜美、脆嫩的地方在肉柱部分，所以剖壳清洗的时候要多丢弃一些，少留下一些。

蛎黄

牡蛎生长在岩石上，它的贝壳与岩石紧密结合，黏着不分。牡蛎剥壳后取出的肉可做羹，方法和做蚶子、蛤蜊的方法相似。它的另一个名字叫鬼眼，这是浙江乐清、奉化两县的叫法，别的地方不这么叫。

江鲜单

东晋郭璞所著《江赋》中提到了很多鱼类,在这里,我也选择常见的品种整理了一下,写了江鲜单。

刀鱼二法

把刀鱼用蜜酒酿、清酱腌好后放入盘中,用蒸鲥鱼的方法蒸食,味道最好,不用加水。如果嫌刀鱼刺多,可先拿锋利的刀刮掉鱼鳞,用钳子拔去鱼刺,再用火腿汤、鸡汤、笋汤煨熟,味道鲜美无比。南京人怕刀鱼多刺,竟用油把鱼烤到一点水分都没有再煎,这是不可取的做法。俗话说:"把驼背之人夹直,这人非死不可。"说的就是这个道理。另可先用锋利的刀在鱼背上斜切几刀,把鱼骨切断,然后把鱼放油锅中煎至焦黄,最后加上作料,吃时竟感觉不到鱼有骨,这是芜湖陶大太的烹饪方法。

鲥鱼

鲥鱼用蜜酒蒸着吃,用做刀鱼的方法来做鲥鱼就很好。或者先直接用油煎,再加清酱、米酒煮也不错。千万不能把鱼切成碎块加鸡汤煮,或者去掉鱼背骨只取鱼腹,这样鲥鱼的真味就全没了。

鲟鱼

尹文端公自夸做鲟鱼、鳇鱼最拿手,但他其实煨得有点过火,味道太重。而我在苏州唐家吃到的炒鳇鱼片却是非常好。制作方法:先将鲟鱼或鳇鱼切片用热油爆炒,加酒和酱油煮开三十次,再放到开水中煮开一次,然后起锅加作料,多放腌好的嫩瓜、嫩姜和葱花。还有一种方法:先把鱼放在清水中煮开十次，去掉大骨；然后把肉切成小方块，取出脆骨也切成小方块；接着把鸡汤浮沫去掉，脆骨煨到八分熟，加酒、酱油；再下切好的鱼肉，煨至二分烂就起锅；最后加入葱、花椒、韭菜和一大杯姜汁即可。

黄鱼

先把黄鱼切成小块，放入酱油和酒腌一个时辰，沥干水分；然后入油锅爆炒至两面呈黄色，加入一茶杯金华豆豉、一碗甜酒、一小杯酱油，一起煮沸。等到汤卤变干发红，加糖，加腌好的嫩瓜、嫩姜收汁起锅，滋味浓郁可口，甚是美妙。还有一种方法：把黄鱼去骨剁碎，加入鸡汤做成羹，加少许甜酱水、芡粉增稠后盛起，味道也很好。一般来说，黄鱼本性厚重，不可用清淡之法烹制。

班鱼

班鱼肉质最为细嫩，剥皮去掉内脏后，把鱼肝和鱼肉分开，用鸡汤煨煮，加三分酒、二分水、一分酱油；收汁起锅时加入一大碗姜汁、几根葱，这样可以去掉腥味。

假蟹

备两条煮熟的黄鱼，去骨留肉；取生咸蛋四个，捣碎，不拌入鱼肉。烧好油锅，先放入黄鱼肉急火炒一下，再放入鸡汤烧开；然后把咸蛋搅拌均匀放进锅里，最后加入香菇、葱、姜汁、酒，吃的时候酌量用醋调味。

特牲单

猪肉在烹饪中用途最广,可称得上是食材之首,因此古代的天子诸侯有献整猪祭祀的礼仪。在这里,我写了特牲单。

猪头二法

把猪头洗净,五斤重的用三斤甜酒,七八斤重的用五斤甜酒。先把猪头下锅和酒一起煮,加三十根葱、三钱八角,煮沸二百多次;然后加入一大杯酱油、一两糖;等到猪头熟后尝一尝咸淡,最后适当添加酱油。煮猪头时,开水要没过猪头一寸,上面压上重物,先用大火烧约一炷香的时间;然后改用文火慢炖,以汁干肉腻为好;肉炖烂后就打开锅盖,迟了脂肪就会流失。还有一种方法:先做一个木桶,中间用铜帘隔开,然后把猪头洗净加作料焖在木桶中,用文火隔汤蒸煮,猪头熟烂后,其中油腻之物就会从桶里流出,这样烹制出的猪头味道也很好。

猪蹄四法

取一只蹄髈,去掉爪子,先用清水煮烂,然后倒掉汤汁,加一斤好酒、半酒杯清酱、一钱陈皮、四五个红枣一起煨烂。起锅时,把葱、花椒、酒加进去,挑出陈皮、红枣,这是第一种方法。第二种方法:用虾米煎汤代替水,加酒、酱油煨煮。第三种方法:用一只蹄髈,先煮熟,再用植物油把蹄髈表皮煎得起皱,然后加入作料红烧。有些读书人喜欢先揭皮吃,称"揭单被"。第四种方法:取蹄髈一个,用两钵合装,加酒和酱油隔水蒸煮,烧约两炷香的时间,这道菜被称为"神仙肉"。钱观察家烹制的这道菜最地道。

猪爪、猪筋

专门选取猪爪,剔去大骨头,放入鸡肉汤清煨即可。猪蹄筋与猪爪味道相同,可以搭配煨煮。如果有其他动物的好腿爪也可以掺进去。

猪肚二法

把猪肚洗干净,选取肉最厚的地方,切除上下的外皮,单用中间部分,将其切成骰子大小的块,先用热油爆炒,然后加作料炒熟起锅即可,以口感极脆为好,这是北方人的烹制方法。南方人则喜欢把猪肚先用清水加酒煨煮,煨两炷香的时间,以煨到烂熟为标准,然后蘸着细盐吃,这也是可以的;也有人把猪肚加入鸡汤,先和作料一起煨烂,然后熏干切成片,也很好吃。

猪肺二法

猪肺最难洗干净,首先要沥干肺管里的血水,剔去肺上的包衣;接着敲打倒挂,抽出血管,割去白膜,都是细致、费工夫的步骤;然后用酒水煮一天一夜,肺会缩小得像一片白芙蓉一样能浮在汤汁表面;最后加入作料,吃在嘴里,烂熟如泥。汤西厓少宰宴请客人时,每碗四个肺片,就已经用了四个完整的猪肺。现在的人没有这样的烹制功夫,只是将猪肺切碎,放进鸡汤里煨煮到烂熟,这样味道也很好。如果能用野鸡汤煨煮更好,算得上以清配清;用上等火腿煨煮也可以。

猪腰

猪腰片炒老了就发硬，炒嫩了又让人怀疑没熟；不如把它煨烂，蘸着椒盐吃最好。或者加其他作料煨也可以。这种吃法只适合用手撕，不适宜用刀切。煮猪腰子需要一天的工夫，才能软烂如泥。猪腰子只适合单独烹制，万万不可掺入其他菜中，因为它充满腥气，最能夺走他菜之味；虽然猪腰子煨煮三刻就会变硬，但煨煮一天却非常酥嫩。

猪里肉

猪里脊肉虽然精瘦又细嫩，但很多人并不怎么吃。我曾在扬州谢蕴山太守家的宴席上吃过，味道很好。据说是先把里脊肉切成片，再用芡粉把肉片团成小团，然后放入虾汤里加香菇、紫菜清煨，一熟就起锅。

白片肉

做白片肉最好选用家养猪，宰杀后先放入锅中，煮到八分熟灭火，再在汤里泡一个时辰后捞起。要选取猪平时运动较多的部位切薄片端上桌，不凉不烫，入口温热最好。这是北方人擅长的菜。南方人效仿之，总是味道欠佳。况且，在市场上零星买来的肉也难以使用。贫苦的读书人请客，宁愿用燕窝，也不愿用白片肉，因为这种做法所用猪肉量大。至于切割的方法，必须用小快刀片肉，以肥瘦相间、横斜混杂为最佳，与孔子所说"肉切得不方正不吃"截然相反。用猪身上的肉做成的菜，名目繁多，但满洲的"跳神肉"最好。

红煨肉三法

烹制红煨肉,有的用甜酱,有的用酱油,有的干脆酱油、甜酱一概不用。每一斤肉,要用三钱盐,并加入纯酒煨;也有用水煨的,但必须熬干水分。这三种方法做出来的肉都红如琥珀,记住不能靠加糖来炒色。红煨肉起锅早了颜色会发黄,肉恰到好处则呈红色,如果起锅太晚肉就由红变紫,而且瘦肉会变硬。煨肉时老是掀锅盖,肉就会流失脂肪,味道只会都融进油汤中。肉一般应切成方块,煨到肉软烂不见棱角为止,吃到嘴里瘦肉能融化最好,要到这种程度全靠掌握火候。俗话说:"快火煮粥,慢火烧肉。"真是至理名言!

白煨肉

一斤肉,先用清水煮到八分熟时起锅,原汤倒出留存;再用半斤酒、两钱半盐与肉一起煨煮一个时辰;然后加入一半原汤,煮到汤干肉腻为止;最后加入葱、花椒、木耳、韭菜等,要先用武火再用文火。还有一种做法:每一斤肉,用一钱糖、半斤酒、一斤水、半茶杯清酱;先放酒,把肉煮沸滚上一二十次,再加一钱茴香,添水焖烂,味道也很不错。

油灼肉

把五花肉切成方块,先去掉筋膜,再用酒和酱腌入味,然后放到热油里煎炸,这样能使肥肉不腻、瘦肉酥松。将要起锅时,加入葱、蒜,稍微淋点醋即可。

干锅蒸肉

把肉切成方块,先放在小瓷钵里,拌入甜酒、酱油,再装进大钵里,封住口,然后放进锅中,用文火干蒸约两炷香的时间,不要加水。酱油和酒的多少,要根据肉量而定,一般以盖满肉的表面为宜。

盖碗装肉

把装好肉的盖碗放在手炉上蒸,做法与前面干锅蒸肉的方法一样。

磁坛装肉

用燃烧的稻壳慢火煨烤装好肉的坛子,做法与前面两种菜做法相同,但要注意把坛口密封严实。

脱沙肉

先把猪肉去皮切块,每一斤肉用三个鸡蛋,把蛋清、蛋黄一起调匀拌肉;再把肉剁碎,加入半酒杯酱油,和葱末一起拌匀;接着用一张猪网油把肉包好,将四两菜油倒入锅中烧热,把肉团两面煎好,起锅去油;然后用一茶杯好酒、半酒杯清酱,倒进锅里和肉焖煮,并把煎好的肉团切片;最后在肉片上撒些韭菜段、香菇丁、笋丁。

晒干肉

把精瘦肉切成薄片放在烈日下暴晒,直到晒干为止。吃的时候把陈年的大头菜和肉片一起干炒即可。

火腿煨肉

把火腿切成方块，先放冷水中煮开三次，捞起沥干；再把肉也切成方块，用冷水煮开两次，捞起沥干；然后把火腿块和肉块一起用清水煨煮，加入四两酒，以及葱、花椒、笋、香菇。

台鲞煨肉

台鲞煨肉的做法和火腿煨肉的做法相同。台鲞易烂，要先把猪肉煨到八成熟，然后加台鲞煨好放凉，这道菜就叫鲞冻。这是绍兴菜式。如果台鲞质量不好，就不要用它做这道菜。

粉蒸肉

做粉蒸肉要选半肥半瘦的猪肉，先把米粉炒成黄色后和肉拌好，再拌上面酱一起蒸，肉下面垫上白菜。蒸熟后，不但肉味鲜美，菜的味道也不错。由于没加水，因此肉的味道得以保全。这是江西菜式。

熏煨肉

先用酱油、酒把肉煨好，然后把带点汁水的肉放在木屑上稍微熏一会儿，时间不能太长，让肉半干半湿，这样吃起来才非常香嫩。吴小谷广文家烹制的这道菜最是地道美味。

芙蓉肉

备好一斤瘦肉，切片后先在清酱里蘸几下，晾一个时辰；再取四十个大虾仁、二两猪油，把虾肉切成骰子大小放在猪肉上,一块肉上放一只虾,敲扁,放进开水中煮熟捞起;接着熬半斤菜油,把肉片放在铜漏勺里,用热油来回浇淋直到肉熟;然后用半酒杯酱油、一杯酒、一茶杯鸡汤,煮开后淋在肉片上;最后撒上蒸粉、葱、花椒,起锅。

荔枝肉

先把肉切成与骨牌差不多大的肉片,放进清水里煮开二三十次后捞出;接着熬菜油半斤,把肉放入炸透,捞起;然后用冷水一激,让肉起皱,再捞起;最后把肉放入锅里,加半斤酒、一小杯清酱、半斤水煮烂即可。

八宝肉

备一斤肥瘦各半的猪肉,先用清水煮开一二十次,捞出后把肉切成柳叶片状;再准备二两小淡菜、二两鹰爪嫩茶、一两香菇、二两海蜇头、四个去皮核桃仁、四两笋片、二两上等火腿和一两麻油;然后把肉放回锅里,加酱油、酒煨到五成熟,并加入前述其他配料;最后放入海蜇头。

菜花头煨肉

把台心菜的嫩蕊稍微用盐腌一下,晒干后就能用来煨肉。

炒肉丝

先把肉切成细丝,去掉筋膜、皮、骨,用清酱、酒浸泡片刻;再把菜油加热到由白烟变成青烟,下肉不停地翻炒均匀;最后加入蒸粉、一滴醋、一撮糖,以及葱白、韭菜段、大蒜之类的作料。一次一般只炒半斤肉,要用旺火,不用加水。还有一种方法:把肉丝用热油爆炒后,加酱水和酒略微煮一会儿,肉呈红色时起锅,最后加些韭菜,味道尤其妙。

炒肉片

把肥瘦各半的猪肉切成薄片,用清酱拌匀备好。肉放入油锅爆炒,听到响声就立即加入酱水、葱、酱瓜、冬笋和韭菜,起锅时火要猛烈。

八宝肉圆

备肥瘦各半的猪肉,先剁成肉酱;再将松仁、香菇、笋尖、荸荠、酱瓜、姜之类的东西也切成细末;然后用芡粉把各种食材捏成团放入盘中,加甜酒、酱油上锅蒸,这样做出的肉圆吃到嘴里酥脆美味。家致华曾说:"制作肉圆,宜用刀切小块,不宜用刀斩大块。"其中一定有他的道理。

空心肉圆

把猪肉捶成肉酱,先加调料腌制;再用凝固了的一小团猪油作馅,包进肉团中;然后上锅蒸熟,猪油因遇热溶化,肉团就变成了空心的。镇江人最擅长这种做法。

锅烧肉

把整块猪肉煮熟后不去皮,先放入烧热的麻油锅里过一下,然后切块装盘,加盐或者蘸清酱吃都可以。

酱肉

先把肉稍微腌一下,再用面酱涂抹表面,风干后食用。或是只用酱油腌制再风干。

糟肉

先把肉略微腌制一下,再用米糟腌制。

暴腌肉

用少量盐搓揉肉,腌三天后就可以食用。酱肉、糟肉、暴腌肉这三种肉都是冬天吃的,不适合春夏季吃。

尹文端公家风肉

宰一头猪,切割成八大块,每块肉先用四钱炒过的盐细细地揉擦,使每个地方都能擦到,然后高挂在通风背阴的地方。如果偶尔有虫蛀蚀,就用香油涂抹。夏天取用时,先放到水里浸泡一夜,第二天再煮,加水要适量,以盖住肉面为好。切肉片时,要用快刀横着切,不能顺着肉的纹路切。这道菜只有尹府做得最好,常常用作贡品。现在有名的徐州风肉也不如尹家的好吃,不知道是什么原因。

家乡肉

杭州家乡肉的质量有好有坏,分为上、中、下三等。大体上味道清淡但鲜美、瘦肉可以横着咬的是上等品,放久了就是好火腿。

笋煨火肉

先把冬笋和火腿肉切成方块,一起煨煮;煮沸后,倒掉盐水,重复两次,再放入冰糖煨烂。席武山别驾说:"火腿肉煮好后,如留作第二天吃,必须保留原汤,等第二天把火腿肉放到原汤里滚热后再吃;如果火腿肉离汤单放,就会因风吹而变干枯,如果用清水加热,味道就变淡了。"

烧小猪

准备一只六七斤重的小猪,钳去猪毛,清除污秽,用叉子穿过放在炭火上烤。要四面都烤到,烤到深黄色为好。猪皮上用奶酥油涂抹,一边涂一边烤。吃的时候,猪皮酥化的是上品,脆的属中品,硬的就是下品了。旗人有只用酒和酱油蒸着吃的,味道也不错。我家龙文弟做这道菜做得比较好。

烧猪肉

凡是烤猪肉,必须有耐性。要先烤里面的肉,使脂肪渗入肉皮,这样就可以使肉皮松脆而不走味;如果先烧烤肉皮的话,肉里的油就会全滴到火上,这样一来肉皮就会焦硬,味道也不好。烤小猪也是这样。

排骨

选取肥瘦各半的肋条排骨,抽去当中的直骨,用大葱代替,烤的时候在排骨上连续涂刷醋和酱油,不能烤得太焦。

罗蓑肉

按照做鸡肉松的办法做罗蓑肉即可。先把猪肉表面肉皮片下留存，然后把皮下的瘦肉切成碎丁团成团子，最后加一些作料并盖上肉皮蒸熟。有个姓聂的厨师能做这道菜。

端州三种肉

端州有三种特色肉：第一种是罗蓑肉；第二种是锅烧白肉，不加任何作料，煮熟后用芝麻、盐拌着吃；第三种是把肉切成片煨好后，用清酱拌着吃。这三种肉都适合用作家常菜。端州的聂姓、李姓两位厨师这道菜做得很好，我特地让杨二去学习过制作的方法。

杨公圆

杨明府家做的肉丸大得像茶杯，口感细腻无比。而且汤尤其鲜美洁净，入口像酥油一样。做法大概是先把肉去筋弃节，剁得极碎，而且要肥瘦参半，再用芡粉调和均匀后团成肉丸。

黄芽菜煨火腿

选上等火腿，削去外皮，去掉肥油留下精肉备好。先用鸡汤把削下的皮煨到酥软，再把肉煨到酥软；然后放入黄芽菜心同煨，菜心要连根切成段，约两寸长；最后加蜜酒酿和水，煨上半天。这道菜吃到嘴里又甜又鲜，肉和菜都入口即化，但菜根和菜心一点都不松散，汤也极美味。这是朝天宫道士的烹制方法。

蜜火腿

　　选上等火腿，连皮带肉切成大方块，用蜂蜜酒煨至烂熟最好。火腿的好坏、优劣有天壤之别，虽然都出自金华、兰溪、义乌这三个地方，但徒有虚名的很多。不好的火腿，味道还不如腌肉。我觉得杭州忠清里王三房家卖四钱银子一斤的火腿是最好的。我在尹文端公的苏州公馆吃过一次，那火腿香味在门外就能闻到，特别甘甜鲜美。此后恐怕再也碰不到这么好吃的东西了。

杂牲单

牛、羊、鹿三种动物的肉,并不是南方人家中常备之物。但其烹饪方法不可不知,因此我写了杂牲单。

牛肉

想买牛肉,要先到各肉店交定金,凑足腿筋夹肉处的肉,因为这里的肉不肥不瘦。将肉拿回家中后,先剔去皮和膜,用三分酒、二分水清煨到软烂;再加适量酱油收汁。牛肉味道独特,适合单独烹制,不可与其他食材搭配。

牛舌

牛舌是极好的食材,剥皮去膜,切成片,放入牛肉一同煨煮就可以了。也有冬天将牛舌腌制风干来年再食用的,味道和优质火腿差不多。

羊头

羊头上的毛要去干净,如果实在去不干净,就用火烧一下。先把羊头洗净切开,煮烂后去骨,羊嘴里的老皮也要去干净;再把眼睛切成两块,去掉黑皮,不要眼珠;然后把肉切成碎丁,用肥老母鸡汤煮;最后加入香菇、笋丁、四两甜酒、一杯酱油。如果吃辣的,就加入十二颗小胡椒、十二段葱花;如果吃酸的,就加入一杯上等米醋。

羊蹄

煨羊蹄可以参照煨猪蹄的方法,煨熟后有红、白两种颜色。一般用清酱煨出来的是红色,用盐煨出来的是白色。如果搭配山药同煨也比较合适。

羊羹

把熟羊肉切成骰子大小的方块，先用鸡汤煨煮，再加笋丁、香菇丁、山药丁等配菜一起煨。

羊肚羹

把羊肚洗干净后，先煮烂切成丝，再用煮羊肚的原汤煨肚丝，可以加一些胡椒和醋。这是北方人的烹制方法，南方人做的不如北方人做的口感脆爽。钱玙沙方伯家的锅烧羊肉味道特别好，我准备向他讨教一下做法。

红煨羊肉

红煨羊肉和红煨猪肉的做法一样，要在肉里放入打了孔的核桃去除膻味，这也是古人用的方法。

炒羊肉丝

炒羊肉丝和炒猪肉丝的做法一样，可以勾芡，羊肉切得越细越好，并且要用葱丝拌一下。

烧羊肉

把羊肉切成五到七斤重的大块，用铁叉穿过架在火上烤熟。烤羊肉的确味道鲜美、口感酥脆，难怪会引得宋仁宗半夜三更还想吃。

全羊

烹制全羊的方法多达七十二种,但做出来味道好的也不过十八九种罢了。烹制全羊是高超的技艺,一般家厨难以学会。虽然一盘一碗都是羊肉,但是味道各有不同才是好的。

鹿肉

鹿肉轻易得不到,如果能得到鹿肉烹制,熟了后的鹿肉之鲜嫩胜过獐肉。鹿肉可以烤着吃,也可以煨着吃。

鹿筋二法

鹿筋很难煮烂,必须提前三天反复捶打后再煮,煮后绞出腥臊的汤水,重复几次,接着加肉汤煨,然后用鸡汤煨,最后加酱油、酒,稍勾芡收汁,不掺杂其他配料,煮成白色最好,后用盘装上。如果同时加入火腿、冬笋、香菇之类一起煨煮,鹿筋煮熟时会变成红色,不用收汁,后用碗盛。菜呈白色时,还可加些花椒细末。

獐肉

烹制獐肉和烹制牛肉、鹿肉相同,可以做成肉脯。獐肉没有鹿肉鲜嫩,却比鹿肉细腻。

果子狸

新鲜的果子狸肉一般得不到。腌制晒干后的果子狸肉可以用蜜酒酿蒸熟,然后用快刀片成片端上桌。记住肉要先用米汤浸泡一天，除去里面多余的盐分和脏东西后再蒸，这样做出来的果子狸肉吃起来会比火腿更加肥嫩。（注：为保持原书面貌而保留，请勿效仿。）

假牛乳

在鸡蛋清里加入蜜酒酿，搅拌均匀后放入锅里蒸。这道菜的要点是嫩滑、细腻。记住火候太大会蒸老，蛋清太多也会蒸老。

鹿尾

尹文端公尝遍百味后，把鹿尾列为第一。但是鹿尾这东西南方人不能经常得到，从北京带到南方来的鹿尾又不够新鲜。我曾得到过一条很大的鹿尾，用菜叶包好了上锅蒸，味道果然与众不同。鹿尾最好吃的地方是尾巴上端脂肪最厚的部位，被称为"一道浆"。

羽族单

在烹调中，鸡肉的功劳最大，许多菜都离不开它，这就好像善人暗中做有德行的事，大家却不知晓一样。所以我把鸡排在禽类的第一位，而把其他禽类附在后面，写了羽族单。

白片鸡

肥鸡肉片就像古代的太羹、元酒一样,最具本味。尤其是在农村或是去旅店住宿来不及烹饪丰盛菜肴的时候,做白片鸡最为省力、方便。记住煮鸡的时候不要放太多水。

鸡松

选一只肥鸡,只用两条鸡腿,先去掉筋骨剁碎,不要弄破鸡皮;再把鸡蛋清、芡粉、松子仁和鸡腿肉一起拌匀切块。如果鸡腿肉不够用,可以加一些鸡胸肉,也把它切成方块。鸡肉块先用香油炸黄,起锅后放在钵头里,再加入半斤百花酒、一大杯酱油、一铁勺鸡油,然后加入冬笋、香菇、姜、葱等,最后把剩下的鸡骨、鸡皮盖在上面,加一大碗水放在蒸笼里蒸透,吃的时候把鸡骨、鸡皮去掉即可。

生炮鸡

把小鸡剁成小方块,用酱油、酒拌匀,要吃的时候拿出来,放在滚油里炸一下,起锅后再炸,连续三次,盛出后,加醋、酒、芡粉、葱花即可。

鸡粥

选用一只肥母鸡,把两面胸脯肉去皮后,用刀细细刮下肉丝,或者用刨刀刨肉片也行;记住只能用刀刮、刨,不能用刀剁,剁了的肉口感不细腻。把剩余的鸡肉、鸡骨用来熬汤,吃时先下入肉丝,再把细米粉、火腿屑、松子仁这些食材敲碎后也放进汤里煮。起锅时加葱、姜,并浇上鸡油,去渣、留渣都可以。鸡粥适合老年人食用。一般来说,鸡肉是剁碎的就要去渣,刮刨的就不用去渣。

焦鸡

先把肥母鸡清洗干净,整鸡下锅煮,放入四两猪油、四个茴香,煮到八分熟;再把煮好的母鸡用香油炸黄,还放回原汤里熬至浓稠;最后加酱油、酒、整段的葱,收汁起锅。临上桌时把鸡肉切片,再把原汤浇在鸡片上吃,或者拌好调料拿鸡片蘸着吃也可以,这是杨中丞家的做法。方辅兄家做的焦鸡味道也很好。

捶鸡

把整只鸡宰杀后捶碎,加适量酱油、酒煨煮即可。南京高南昌太守家做的这道菜味道最地道。

炒鸡片

把鸡胸肉去皮后切成薄片,先用豆粉、麻油、酱油拌匀,再加入芡粉调和、加鸡蛋清抓匀。鸡肉临下锅时加酱瓜、姜、葱花末。鸡片要用旺火猛炒,且一盘不能超过四两,这样才能把鸡片炒透。

蒸小鸡

把整只小嫩鸡放入盘中,淋上酱油、甜酒,放上香菇、笋尖，在饭锅上蒸熟即可。

酱鸡

选一只活鸡，宰杀洗净后用清酱浸泡一天一夜，捞起风干。这是冬季的时令菜。

鸡丁

把鸡胸肉切成骰子大小的方块，先放到热油里爆炒，加酱油、酒收汁起锅；再加荸荠丁、笋丁、香菇丁拌一下，汤汁呈黑色最好。

鸡圆

把鸡胸肉剁成肉酱后团成鸡肉圆，大小和酒杯差不多，味道鲜嫩如虾团。扬州臧八太爷家做的这道菜最地道。方法是把猪油、萝卜、茨粉和剁碎的鸡肉混在一起揉成团子，里面不放馅。

蘑菇煨鸡

备好四两口蘑，先用开水泡发去沙，再用冷水漂洗，用牙刷刷洗，然后用清水漂四遍。口蘑用二两菜油爆炒，喷上酒备好。把鸡肉剁成块放入锅里煮沸，撇去沫后倒入甜酒、清酱煨，煨到八成熟时，加入备好的口蘑，再煨二分，等到熟透，加笋、葱、椒起锅。不要放水，加三钱冰糖。

梨炒鸡

取小鸡的胸脯肉切成片备好,锅里放三两猪油烧热,放入鸡肉片炒三四次,先加一瓢麻油,芡粉、细盐、姜汁、花椒末各一茶匙,再放薄雪梨片和小块香菇,炒三四次起锅,用五寸盘盛好端上桌。

假野鸡卷

把鸡胸肉切碎,先用一个鸡蛋和清酱稍微腌制一下;再把猪网油切成小片,把腌好的鸡胸肉包进猪网油,放进热油里炸透;最后加清酱、酒、作料、香菇、木耳,起锅时加一撮糖。

黄芽菜炒鸡

把鸡肉切成块,放入油锅里生炒,先加酒翻炒二三十次,再加酱油炒二三十次,然后加水煮开。把黄芽菜切块,等到鸡七成熟时将黄芽菜下锅,烧到鸡全熟时,加糖、葱、大料即可。注意黄芽菜要另外炒熟才能掺到鸡块中一起烧,每只鸡用四两油。

栗子炒鸡

把鸡肉剁成块,先用二两菜油爆炒,再加入一碗酒、一小杯酱油、一碗水煨到七成熟,然后把事先煮熟的栗子和笋一起下锅与鸡肉再煨三分,起锅加上一撮白糖即可。

灼八块

选一只嫩鸡,剁成八块,放入热油中炸透,沥干油后,加入一杯清酱、半斤酒，煨熟就起锅。记住煨的时候不要加水，用大火煮。

珍珠团

把熟鸡胸肉切成黄豆大小的鸡肉丁，先用清酱和酒拌匀，再放到干面粉里滚一下，然后放入锅里炒熟即可。炒的时候要用素油。

黄芪蒸鸡治瘵

选一只童子鸡，现杀，不要沾水，先取出内脏，再塞入一两黄芪，然后放进锅里架上筷子蒸，锅盖四周要封严，蒸熟后取出来。这道菜汤汁浓稠鲜美，可以治疗身体虚弱的病症。

卤鸡

备一只整鸡，宰杀洗净后，往肚子里塞入三十根葱、二钱茴香；锅内加入一斤酒、一小杯半酱油，先与鸡同煮一炷香的时间；再加一斤水、二两猪油一起煨煮，等鸡熟了，要沥出猪油。记住水要用开水，等汤汁浓稠得只剩一碗时才可以取出鸡。起锅后可以用手撕着吃，也可以用薄刀把鸡肉片成片儿仍用原汤拌着吃。

蒋鸡

选一只童子鸡，用四钱盐、一匙酱油、半茶杯老酒、三大片姜，和鸡一起放到砂锅里隔着水蒸烂，熟后去掉鸡骨头，全程不加水。这是蒋御史家的做法。

唐鸡

备一只鸡,两斤的、三斤的都可以,如果用两斤重的鸡,就用一饭碗酒、三饭碗水;如果用三斤重的鸡,要适当添一些酒和水。先把鸡肉切成小块,锅内放二两菜油,烧热后放入鸡肉炒透;然后用酒煮开烧滚一二十次,加水再煮开烧滚二三百次;最后加入一酒杯酱油,起锅时加一钱白糖。这是唐静涵家的做法。

鸡肝

可用酒、醋爆炒鸡肝,越嫩越好。

鸡血

等鸡血凝固后用刀切成条,加鸡汤、酱、醋、粉丝做成羹汤,这道菜非常适合老年人食用。

鸡丝

把煮熟的鸡肉撕成丝,用酱油、芥末、醋拌着吃。这是杭州菜。鸡丝里可以加笋或芹菜作配菜,或者加笋丝、酱油、酒炒鸡丝也可以。拌着吃就用熟鸡肉,炒着吃就用生鸡肉。

糟鸡

糟鸡的烹制方法与糟肉的烹制方法相同。

鸡肾

将三十个鸡肾煮至微熟,先去掉外皮,再加适量作料用鸡汤煨熟，鲜嫩无比。

鸡蛋

把鸡蛋的壳去掉，蛋液倒进碗里，用竹筷子搅打上千次，上锅蒸熟，口感极嫩。只要是蛋类，稍微煮一下就老，煮久了反而变嫩。如果要煮茶叶蛋，以两炷香的时间为好。煮一百个鸡蛋需用一两盐，五十个鸡蛋用五钱盐。做鸡蛋的方法有很多，可以加酱煨，也可以煎或炒，和切碎的黄雀肉一起蒸味道也很好。

野鸡五法

把野鸡的胸脯肉片下来，先用清酱腌一下，再用猪网油包好放在铁架子上烤，野鸡肉可以片成片儿，也可以切成碎丁卷成卷，这是第一种做法；把野鸡的胸脯肉切成片加作料炒熟，或者切成丁炒熟，这是第二种做法；用做家鸡的办法把整只野鸡煨熟，这是第三种做法；把野鸡的胸脯肉先用油炸一下，然后撕成丝，加酒、酱油、醋和芹菜一起凉拌着吃，这是第四种做法；把野鸡的胸脯肉切成片，下入火锅中，马上就吃，这是第五种做法。第五种做法的弊端在于，如果追求口感鲜嫩，则肉不够入味；如果追求入味，那肉就已经变老了。

赤炖肉鸡

赤炖肉鸡的做法：把鸡洗净后切开，每一斤鸡肉用十二两好酒、二钱五分盐、四钱冰糖，并加适量桂皮，一起放入砂锅里用文炭火炖。如果酒快烧干了但鸡肉还没有烂，就按每斤鸡肉一茶杯清水的比例酌情加水。

蘑菇煨鸡

备一斤鸡肉，加一斤甜酒、三钱盐、四钱冰糖，蘑菇用新鲜没有发霉的，用文火煨两支线香的时间。注意不可加水，要先把鸡煨到八成熟，再下蘑菇同煨。

鸽子

把鸽子肉和上等火腿一起煨，做出来的菜味道很鲜。不加火腿也可以。

鸽蛋

煨煮鸽子蛋的方法和煨煮鸡肾的方法一样。鸽子蛋煎着吃也行，也可以稍加点醋。

野鸭

把野鸭肉切成厚片，先用酱油腌制，再用两片雪梨夹住鸭片爆炒。苏州包道台家烹制的这道菜味道最地道，方法现已失传。用蒸家鸭的方法蒸野鸭也可以。

蒸鸭

先把活肥鸭宰杀后去掉骨头，再准备一酒杯糯米、火腿丁、大头菜丁、香菇丁、笋丁、酱油、酒、小磨麻油、葱花，把这些全部塞进鸭肚子里，然后把整只鸭子装进盘中，鸭表面淋上鸡汤，隔水蒸透即可。这是真定魏太守家的烹制方法。

鸭糊涂

把肥鸭用清水煮到八成熟，待鸭冷却后先除去它的骨头；再把鸭肉切成自然的、不方不圆的肉块放入原汤内煨煮，加三钱盐、半斤酒；然后把搥碎的山药放入锅中作芡，使汤汁浓稠；等到鸭肉快煨烂时，加入姜末、香菇、葱花即可。如果要浓汤，就再多放一些山药末勾芡。另外，用芋头代替山药也很好。

卤鸭

鸭子用酒煮，不用水。煮熟之后去掉骨头，加作料食用。这是高要县令杨公家的烹制方法。

鸭脯

把肥鸭剁成大的方块，加半斤酒、一杯酱油、笋、香菇、葱花焖烧，收汁起锅。

烧鸭

把小鸭子穿在铁叉上烤熟。这道菜冯观察家的厨师做得最地道。

挂卤鸭

把葱塞进鸭肚子，盖严锅盖焖烧即可。最精通此菜的要数位于水西门的许店，普通人家做不了。烹制好的鸭有黄、黑两种颜色，黄色的更好吃。

干蒸鸭

杭州商人何星举家做干蒸鸭的方法：把一只肥鸭洗干净后剁成八块，先放进瓷罐，加甜酒、酱油淹过鸭子表面后封好口，再放到干锅中蒸。用文炭火蒸，不放水。临上桌时，鸭的瘦肉都已软烂如泥。记住蒸两支线香的时间即可。

野鸭团

把野鸭的胸脯肉片下剁得碎一点，放猪油和芡粉调匀后，揉成团放进鸡汤里煮。或者就用煮鸭的原汤煮也行。泰兴孔亲家烹制的这道菜非常地道。

徐鸭

选用一只大且新鲜的鸭备好，先把十二两百花酒、一两二钱青盐、一汤碗开水调匀后去掉渣子；再往调好的液体中兑七饭碗冷水，加重约一两的四片厚鲜姜，将这些和鸭一起放进大瓦盖钵里。先用牛皮纸封紧钵口，再放在大火笼上烧，买三元的大炭吉（大约两文钱一个）烧透；外面用一个套包将火笼罩定严实，使它不走气。如果早餐时开始炖，到晚上才能炖好。时间短了鸭子炖不透，味道就不好。等到炭吉烧透后，不要更换瓦钵，也不要提前打开钵盖查看。鸭子熟后切开，先用清水洗一下，再用洁净无浆的布擦干鸭子并放入钵中端上桌食用。

煨麻雀

取五十只麻雀备用，放入清酱、甜酒煨煮，煨熟后去掉麻雀的脚和爪，只选用雀胸和雀头，连汤一起放入盘中，吃起来味道异常甘甜鲜美。其他野禽也可以用这种办法来烹制，但新鲜的野禽一般很难得到。薛生白先生常劝人们不要吃饲养的动物，就是因为野禽味道更鲜美，而且容易消化。

煨鹩鹑、黄雀

鹩鹑用江苏六合的最好，那里也有做好现成的煨鹩鹑。黄雀要用苏州糟加蜂蜜酒煨烂，加入作料，用煨麻雀的方法进行烹制。苏州沈观察家烹制的煨黄雀连骨头都软烂如泥，不知道是用什么方法烹制的。他家的炒鱼片做得也很好。论饭菜的地道，沈观察家堪称全苏州第一。

云林鹅

元朝倪瓒写的集子里记载了烧鹅的方法：选取一只整鹅，洗干净后先用三钱盐把鹅腹内涂擦一遍，并塞进一小把葱，再用蜂蜜和酒调拌后抹满鹅全身。锅里放一大碗酒和一大碗水，用竹筷子把鹅架起来蒸，不要让鹅身接触水。灶膛内用两捆茅柴慢烧，直到烧尽。等到锅盖凉后揭开，把鹅翻个身，盖好再蒸，仍用一捆茅柴，烧完为止。柴火需燃尽自熄，不可来回翻拨。锅盖要用棉纸糊封好，如有干燥裂缝处，就用水润湿一下。起锅时，不仅鹅肉软烂如泥，汤也十分鲜美。用这个方法烹制鸭子，味道也同样鲜美。注意，每捆茅柴重约一斤八两；擦盐时，盐里要掺入葱花和花椒粉末，并用酒调匀。倪瓒写的集子里有很多烹制美食的方法，只有烧鹅这一法，我试过之后觉得很有效，其余的大多是牵强附会。

烧鹅

杭州的烧鹅常常被人取笑，因为烧得半生不熟，还不如家厨烧得好。

水族有鳞单

鱼在烹制时都要去鳞,大概只有鲥鱼不用。我认为鱼有鳞,身体才算完整。在这里,我写了水族有鳞单。

边鱼

选用活鳊鱼,加酒、酱油蒸,以蒸成玉色为标准;如果蒸到呆白色,鱼肉就老了,味道也变了。蒸鱼时必须把锅盖好,不可让鱼沾染锅盖上的水汽。起锅前加香菇、笋尖即可。用酒煎鳊鱼也很好吃,如果只用酒而不用水,做出的鳊鱼也被称为"假鲥鱼"。

鲫鱼

烹制鲫鱼首先要会选购鲫鱼,要挑选身扁且微微泛白的,这样的鱼肉质鲜嫩松软,烧熟后提起,鱼肉就会离骨脱落。那种脊背发黑、身形浑圆、肉质僵硬多刺的鲫鱼是劣品,绝对不能食用。按照蒸鳊鱼的方法蒸鲫鱼,是最好的烹制鲫鱼的方法。另外,油煎鲫鱼味道也很好,鱼肉还能拆下做羹。通州人会煨鱼,煨好的鱼鱼骨、鱼尾都是酥的,号称"酥鱼",小孩吃比较适合,但总不如蒸着吃能得鲫鱼之真味。六合县龙池产的鲫鱼,个头越大越嫩,真是令人称奇。要记住,蒸鱼的时候用酒不用水,可稍放些糖提鲜;要根据鱼的大小,酌量加酱油和酒。

白鱼

白鱼的肉质最细嫩,和糟鲥鱼一起蒸,味道最好。或者在冬天先把白鱼稍微腌一下,再加米酒糟两天,味道也很好。我把从江中刚网上来的还活着的白鱼用酒蒸着吃,美味得不能用语言来形容。白鱼做成糟鱼味道是最好的，但时间不能太长，否则肉就变老了。

季鱼

鳜鱼的骨刺较少，做炒鱼片最好，炒的时候鱼片切得越薄越好。鱼片先用酱油细细腌制，再用芡粉、蛋清把鱼片调拌均匀，然后放入油锅加作料炒。记住要用素油。

土步鱼

杭州人把沙塘鳢当成上等品，但南京人很瞧不上这种鱼，认为这种鱼是虎头蛇，这看法真让人发笑。沙塘鳢的肉最松软、鲜嫩，煎、煮、蒸都可以。或者加一些腌芥菜做成汤、调成羹，味道也特别鲜美。

鱼松

将青鱼或草鱼蒸熟后，先把肉拆下来，再放到油锅中炸至金黄色，然后加入适量盐、葱、花椒、酱瓜和姜即可。冬天密封在瓶里，可以保存一个月。

鱼圆

先把活的白鱼或青鱼剁成两半，钉在砧板上，用刀细细刮下鱼肉，鱼骨留在砧板上；接着将鱼肉剁成碎末，加豆粉、猪油后用手搅拌均匀；然后放一些盐水，不放清酱，加葱、姜汁后团成小团；最后放进热水里，煮熟后捞起，可放进冷水中存放。临吃时，加入鸡汤、紫菜、鱼圆煮沸就可以了。

鱼片

把青鱼或鳜鱼切片，先用酱油腌制，再加芡粉、蛋清拌匀；烧热油锅，放入鱼片爆炒，熟后用小盘盛起，加适量葱、花椒、酱瓜、姜。炒时，鱼片最多不超过六两，太多会因为火力不够而烧不透。

连鱼豆腐

把大鲢鱼煎熟后，加入豆腐，并放入适量酱水、葱和酒煮开，等到汤色半红时起锅，鱼头味道尤其鲜美。这是杭州菜。要用多少酱，必须根据鱼的大小决定。

醋搂鱼

把鲜活的青鱼剁成大块，先用热油煎炸，再加入适量的酱油、醋、酒煮，汤多点为好，等到鱼熟后立即起锅。杭州西湖上五柳居餐馆做的这道菜最有名。但现在是酱也臭了，鱼也腐烂了，物是人非，实在可惜！当时驰名京城的宋嫂鱼羹，现在也只留下了一个虚名。可见《梦粱录》中所说的话也不可以完全相信。做这道菜用的鱼不可太大，太大就不容易入味；也不可太小，太小刺就会多。

银鱼

银鱼刚从水中被捞出来时，因鱼身是半透明的，所以有个外号叫"冰鲜"，直接加鸡汤、火腿汤煨煮，或者是炒着吃，口感都非常鲜嫩。如果是银鱼干，就先用水泡软，再加酱水炒，味道也很不错。

台鲞

台鲞的质量好坏不一，以台州松门出产的为最好，肉质松软、新鲜肥美。生台鲞的肉直接撕下来就可以当小菜，不必煮熟了吃。如果是把台鲞和鲜肉一起煨煮，必须等肉烂熟的时候再放入台鲞，放太早就会被煮化找不到了。如果把煮熟的台鲞冷冻起来就是台鲞冻，这是绍兴人的做法。

糟鲞

冬天时把大鲤鱼腌过之后风干，浸入酒糟，放在坛中，并把坛口密封起来，放到夏天再拿出来吃。记住不能用烧酒去泡鱼，如果用烧酒泡，鱼就会有辣味。

虾子勒鲞

夏天时挑选白净的、带鱼子的鳓鱼干，先放到水里泡一天，泡去咸味，再放在太阳下晒干。做虾子勒鲞时，先把晒干的鳓鱼放到锅里用油煎一下，一面煎黄后取出；然后在没煎黄的一面铺上虾米，放在盘子里；最后撒上白糖蒸约一炷香的时间。三伏天里吃这道菜，滋味最好。

鱼脯

把活青鱼剁头去尾，切成小方块，用盐腌透后风干备用。做鱼脯时，先把鱼块放入锅里用油煎一下，然后放作料煮，收干卤汁，最后加入炒熟的芝麻，趁热拌匀后起锅。这是苏州人的烹制方法。

家常煎鱼

做家常煎鱼这道菜，必须有耐性。先把草鱼洗干净，切块用盐腌制后压扁；然后放入锅中用极少的油把两面都煎黄，煎好后多加些酒、酱油，用文火慢慢炖熟；最后收干汤汁作卤，使作料的味道完全进入鱼肉。这种做法一般是针对死鱼的；如果是活鱼，还是以快速起锅为好。

黄姑鱼

徽州产一种小鱼，只有两三寸长，曾有人把它晒成鱼干寄给过我。这种鱼剥去鱼皮，加酒调味，放在饭锅上蒸着吃，味道非常鲜美，它的名字叫黄姑鱼。

水族无鳞单

没有鳞的鱼比有鳞的鱼腥气更重,必须更加精心地烹制,可用生姜、桂皮压制腥味。在这里,我写了水族无鳞单。

汤鳗

鳗鱼最忌讳剔骨后烹制，因为这种鱼腥得厉害，不能太随意地烹调使它失去真味，就像鲫鱼不能去鳞后烹制一样。如果清煨，可以准备一条河鳗，先洗去它身上的黏液，再把它切成一寸多长的鱼肉段，然后放入瓷罐中加酒、水煨烂；熟后取出下锅，先放酱油，再放些冬天新腌的芥菜做成汤，记住多放葱、姜等作料，以除去腥味。常熟顾比部家常用芡粉、山药干煨鳗鱼，也很好吃。或者加作料，把鳗鱼直接放在盘子里蒸，不用加水。家致华分司家蒸的鳗鱼最好，方法是把酱油和酒按四六的比例混合兑好，一定要使汤盖过鳗鱼。特别是揭盖的时间要恰到好处，迟了鳗鱼皮就会起皱，鲜味也会流失。

红煨鳗

先把鳗鱼用酒、水煨煮至软烂，再加入甜酱以代替酱油，等到锅里汤汁煨干时，加适量茴香、大料起锅。制作此菜时，有三个问题应避免产生：一是鳗鱼皮如因火太急起了皱，皮就不酥；二是鳗鱼肉如因火候过头散落在碗中，筷子就夹不起来了；三是盐和豆豉如果放得太早，鱼肉入口后口感就会太硬而不化。扬州朱分司家烹制的这道菜最为地道。一般来说，红煨鳗鱼以不留汤汁为好，这样说明卤汁的味道全部被鳗鱼肉吸收了。

炸鳗

挑选个头较大的鳗鱼，先剁头去尾，再切成一寸左右的鱼肉段。做炸鳗鱼时，先把鳗鱼段用麻油炸一下，熟后捞起备用；再把鲜茼蒿的嫩尖放进锅里，仍用炸鳗鱼段的油炒透；最后把鳗鱼段平铺在茼蒿上面，加上作料煨约一炷香的时间。记住，茼蒿的用量是鳗鱼的一半。

生炒甲鱼

先把甲鱼的骨头剔去，再用麻油爆炒，加一杯酱油、一杯鸡汁。这是真定魏太守家的烹制方法。

酱炒甲鱼

把甲鱼煮至半熟，先取出去掉骨头，再起油锅爆炒，然后加酱水、葱、花椒，等到汤汁收干成卤后起锅。这是杭州人的烹制方法。

带骨甲鱼

挑选一只半斤重的甲鱼，剁成四块备用，先往锅里加入二两猪油烧热，把甲鱼块下锅煎到两面发黄，然后加水、酱油、酒一起煨煮；记住先用武火，后换文火，煨到八成熟的时候加些蒜，起锅时放葱、姜、糖。做这道菜时，用小的甲鱼比用大的好，而俗称"童子脚鱼"的甲鱼肉质才是真嫩。

青盐甲鱼

把甲鱼剁成四块，烧热油锅后炸透备用。每一斤甲鱼，用四两酒、三钱大茴香、一钱半盐煨煮。等甲鱼煨煮到五成熟时，先加入二两猪油，再把甲鱼取出切成小块煨煮，要加蒜头、笋尖；起锅时加葱、花椒，如果用酱油，就不放盐了。这是苏州唐静涵家的烹制方法。要记住，甲鱼个头太大肉就会老，太小则腥味重，所以要买中等个头的。

汤煨甲鱼

先把甲鱼用清水煮熟，然后去掉骨头把肉剁碎，最后加鸡汤、酱油、酒一起煨煮，等汤从两碗煨到剩一碗时起锅，撒上葱、花椒、姜末即可。这道菜吴竹屿家做得最好。记住做这道菜时要用少量芡粉，这样才能使汤变得浓稠。

全壳甲鱼

山东杨参将家烹制甲鱼时，切去头和尾，只取甲鱼肉和裙边，加上作料煨煮好后，仍然把甲鱼壳盖上。他家每次宴请客人时，每个客人面前都有一个小盘，盘里摆着一只甲鱼，客人乍见都大吃一惊，还担心它会动。可惜这种烹制方法没有流传下来。

鳝丝羹

把鳝鱼煮到五成熟时，先去掉骨头，再把鱼肉切成丝，接着加酒、酱油煨煮，然后调少量芡汁，最后加黄花菜、冬瓜、长葱做成羹。南京的厨师往往把鳝鱼烧得像木炭一样硬，实在令人费解。

炒鳝

把鳝鱼肉切成丝炒，炒得微焦即可，像炒猪肉、炒鸡肉一样,不要加水。

段鳝

把鳝鱼切成约一寸长的鱼肉段,按照煨鳗鱼的方法来烹制;或者先用油煎,让鱼肉段变硬,再用冬瓜、鲜笋、香菇作配料,放少许酱水煨,多放姜汁。

虾圆

制作虾丸可以参照制作鱼丸的方法,虾丸可用鸡汤煨,也可以干炒。注意捶虾肉时不要捶得太细,以免失去虾的真味,做鱼丸也是这样。也有人剥出虾肉用紫菜拌着吃,味道也很好。

虾饼

把虾肉捶烂,捏成团后用油煎熟,就是虾饼。

醉虾

把带壳的虾用酒煎黄后捞出来,先加清酱、米醋浸泡一会儿,再用碗盖住闷一会儿。吃的时候把虾移到盘中,连壳带肉都是酥的。

炒虾

炒虾可参照炒鱼的方法,可以用韭菜作配料。如果是用冬天腌的芥菜,就不可以用韭菜了。也有人把虾尾拍扁单独炒着吃，让人感觉很新奇。

蟹

　　螃蟹适合单独食用，不宜和其他食物搭配。螃蟹最好是用淡盐水煮熟，然后自己边剥边吃最好。隔水蒸熟的螃蟹虽然保全了鲜味，但味道总归太淡。

蟹羹

　　剥取螃蟹肉做羹，要用煮螃蟹的原汤煨，不加鸡汁，这样单独烹制出来的螃蟹羹最好。我曾见过一些不高明的厨师往螃蟹里加鸭舌，或鱼翅、海参，这样不仅夺去了蟹的鲜味，而且招来了别的食材的腥味，真是糟糕至极！

炒蟹粉

　　炒蟹粉以现剥现炒为好。两个时辰后，蟹肉就会变干，失去鲜味。

剥壳蒸蟹

　　将蟹剥壳后，先取出蟹肉和蟹黄，去掉壳里的杂物，再把蟹肉和蟹黄重新放回蟹壳中，然后把五六只装好的蟹码放在生鸡蛋上蒸熟。上桌时，蟹像是一只完整的蟹，只是没有蟹足。这道菜比炒蟹粉更有特色。杨兰坡知府家常用南瓜拌蟹肉，是道十分新奇的菜。

蛤蜊

从壳中剥出蛤蜊肉,加韭菜炒很好吃,用来做汤也可以。蛤蜊肉起锅迟了易变老。

蚶

蚶有三种吃法:一是用热水烫到半熟时去掉壳,加酒、酱油浸泡做成醉蚶;二是用烧滚的鸡汤烫熟蚶,去壳后再放回原汤中煮;三是直接剥去蚶的壳把肉做成羹也可以,但起锅要快,迟了肉就老了。蚶产自奉化县,品质在车螯、蛤蜊之上。

蚶螯

先把五花肉切成片,用作料焖烂备好;再将车螯洗干净,用麻油炒好后,将肉片连卤汁一起与车螯同煮。酱油要多放些,这样才有味,加些豆腐也行。如果担心车螯从扬州运来杭州后会变质,可以取出壳里的肉放进猪油里保存,这样就可以运到较远的地方。把车螯晒成干也不错,可放入鸡汤里煨煮,味道比蛏干还好。如果把车螯捣烂做成饼,像虾饼那样煎着吃,加上作料味道也很不错。

程泽弓蛏干

商人程泽弓家是这样烹制蛏干的:先用冷水泡一天,再用开水煮两天,其间换五次水。一寸的蛏干可以泡发到两寸长,看上去和鲜蛏一样,泡好后放进鸡汤里煨。扬州人虽然学会了这种做法,但都比不上程家做得好。

鲜蛏

烹制鲜蛏的方法和烹制车螯的方法相同,单独炒食就可以。何春巢家烹制的蛏汤豆腐味道非常好,可谓绝品。

水鸡

田鸡去掉身子,只用腿,先用油炸,再加酱油、甜酒、酱瓜和姜炒熟起锅即可。或是把田鸡剁碎了炒着吃,味道与鸡肉接近。

熏蛋

鸡蛋液里加入作料煨好,稍微熏干一些,切成片放入盘中,可用作配菜。

茶叶蛋

备一百个鸡蛋,用一两盐、粗茶叶煮两支线香的时间即可;如果是五十个鸡蛋,只需用五钱盐,就按照这个比例加减用盐量。茶叶蛋可当作点心。

杂素菜单

菜有荤菜、素菜之分,就像衣裳有面子、里子一样。富贵人家喜欢吃素菜胜过吃荤菜。在这里,我写了杂素菜单。

蒋侍郎豆腐

把豆腐两面的皮去掉，每块都切成十六片，晾干；锅里放猪油烧至起青烟时加入豆腐，略撒一小撮盐；豆腐一面煎好后翻个面，加入一茶杯优质甜酒、一百二十个大虾米煮，如果没有大虾米，就用三百个小虾米。先将虾米放进锅里煮开一个时辰，接着加酱油一小杯，再煮沸一回；然后加一小撮糖，再煮沸一回；最后把细葱切成半寸左右，约一百二十段，放入锅里，慢慢地起锅。

杨中丞豆腐

嫩豆腐先用水煮去豆腥味，然后放进鸡汤中煮，同时加入鲍鱼片煮开烧滚一会儿，最后加糟油、香菇起锅。记住鸡汤必须浓稠，鲍鱼片要切得够薄才好。

张恺豆腐

先把虾米捣碎放到豆腐里，然后将油锅烧热，加入作料干炒即可。

庆元豆腐

先把一茶杯用酱腌过的豆豉用水泡烂，然后加入豆腐一同炒熟后起锅即可。

芙蓉豆腐

先把豆腐脑放到井水里泡三次,除去豆腥味,再放进鸡汤中煮开,起锅时加入紫菜、虾肉即可。

王太守八宝豆腐

把嫩豆腐片切碎,和香菇屑、蘑菇屑、松子仁屑、瓜子仁屑、鸡肉屑、火腿屑一起放进浓鸡汤里,煮开后起锅。不用嫩豆腐片,用豆腐脑也可以。吃的时候用汤匙,不用筷子。孟亭太守说:"这是圣祖康熙皇帝赐给徐健庵尚书的菜谱。徐尚书去取菜谱时,还支付了御膳房一千两银子。"因为太守的祖父楼村先生是徐尚书的门生,所以得到了这个菜谱。

程立万豆腐

乾隆二十三年,我和金寿门在扬州程立万家吃煎豆腐,味道精妙绝伦,独一无二。他家的豆腐煎得两面金黄而干脆,没有一点卤汁,略微有点车螯的鲜味,然而盘中并没有车螯及其他配菜。第二天,我告诉查宣门这件事,他说:"我会做这道菜,请你们一定来品尝。"不久之后,我与杭堇莆一起到查家吃饭,刚用筷子夹起菜便忍不住大笑,原来全是用鸡脑花、雀脑花做的,并非真豆腐,十分肥腻难吃。虽然查家做豆腐花费的工夫是程家的十倍,但做出的豆腐味道却远不及程家豆腐。可惜当时我因为妹妹的丧事急着回家,来不及向程家求教制作方法。程氏过了一年就去世了,我到现在还在后悔没有得到这道菜的做法。现在我保存下来这个菜名,等有机会再去寻访这一菜谱吧。

冻豆腐

将豆腐冷冻一夜后，切成方块，先用水煮，除去豆腥味，再加入鸡汤、火腿汤、肉汤一起煨。上桌时，撤去鸡、火腿之类的食材，只留香菇、冬笋。豆腐煨煮时间久了易松散，表面会出现蜂窝状的洞，如同冻豆腐。因此炒豆腐要嫩，煨豆腐应老。家致华分司家将蘑菇和豆腐同煮，即使夏天也照冻豆腐之法做煨豆腐，味道非常好。记住千万不要加入荤汤，否则会夺去豆腐的清香。

虾油豆腐

可用陈年虾油代替清酱炒豆腐，但必须先用极少的油将豆腐两面煎黄。油锅要烧得很热，要加猪油、葱、椒。

蓬蒿菜

先把茼蒿的嫩尖用油炒瘪，再放进鸡汤里煮开，起锅时加入一百个松口蘑即可。

蕨菜

用蕨菜时不要舍不得，必须把枝叶全部去掉，只留下嫩茎，先把嫩茎洗净煨烂，再用鸡汤来煨煮。蕨菜要选关东地区产的，长得肥、口感嫩。

葛仙米

仔细挑选一些葛仙米，把它们清洗干净，先煮至半熟，再用鸡汤、火腿汤煨煮。端上桌时，碗里只见葛仙米而不见鸡肉、火腿最好。陶方伯家烹制的这道菜最地道。

羊肚菜

羊肚菌产于湖北，吃法和葛仙米一样。

石发

石发的烹饪方法和葛仙米相同。夏天用麻油、醋、酱油凉拌，味道很好。

珍珠菜

珍珠菜的烹饪方法与蕨菜相同，其产于安徽新安一带。

素烧鹅

把山药煮熟后，先切成约一寸长的段，再用豆腐皮包住放进油锅里炸，然后加入酱油、酒、糖、酱瓜、姜一起煨煮，颜色变红即可出锅。

韭

韭菜属于荤物。可只用韭菜的白茎加虾米炒着吃，味道很好。或者把鲜虾、鳖和猪肉与韭菜搭配也可以。

芹

芹菜属于素物，长得越肥越好。取白茎炒着吃，放入一些笋，炒熟了就起锅。现在有人用芹菜炒肉丝，清浊混杂，不伦不类。如果炒不熟，吃起来口感虽然脆却没味道。但如果用芹菜生拌野鸡肉，那就另当别论了。

豆芽

豆芽柔软脆嫩，我很喜欢。炒豆芽一定要炒熟一些，这样作料的味道才能融进去。豆芽可以搭配燕窝，这是以柔配柔、以白配白。但这样用最便宜的东西去配最昂贵的东西的做法，人们常常讥笑，他们不知道其实这就和只有巢父、许由这样的隐士才能与尧、舜这等圣人相匹配一样。

茭

用茭白炒猪肉、炒鸡肉都可以。把茭白切成整段，放入酱、醋炒，味道尤其好。茭白煨肉也不错，要把茭白切成片，以约一寸长为标准。刚长出的太细嫩的茭白吃起来没什么味道。

青菜

选择嫩点儿的青菜，和竹笋一起炒非常不错。夏天可以用芥末凉拌青菜，稍加点醋，可以开胃。青菜加一些火腿片，可以做成汤，但也要从土里现拔出来的青菜才软嫩。

台菜

台菜心炒着吃非常柔嫩，或者剥去台菜外皮，放入蘑菇、新笋做成汤也不错。台菜加虾肉炒着吃味道也很好。

白菜

白菜可以炒着吃，或者和竹笋一起煨也可以。煨的时候可以放火腿片或用鸡汤煨。

黄芽菜

黄芽菜以北方运过来的为上等品，可以醋熘，也可以加虾米煨煮，熟了立刻吃，时间长了颜色、味道都会变。

瓢儿菜

炒瓢儿菜菜心，以口感鲜美、不留汤汁为最好。被雪覆盖过的瓢儿菜炒出来更软嫩。王孟亭太守家做的这道菜最地道。做这道菜不要放其他配菜，适合用荤油炒。

菠菜

菠菜又肥又嫩，可加入酱水、豆腐一起煮着吃，杭州人称之为"金镶白玉板"。菠菜虽然长得细长，但叶片肥嫩，烹制时可以不用再加笋尖、香菇等配菜。

蘑菇

蘑菇不仅可以做汤，炒着吃味道也很好。但口蘑非常容易夹杂沙泥，也容易发霉变质，所以必须储存得当，烹制得当。鸡腿蘑菇就比较容易处理，也容易做出好味道让人喜欢。

松菌

　　松菌和口蘑一起炒最好，或者只用酱油泡着吃，味道也很好；只是不可以长时间存放。把松菌加入其他各种菜中作配菜，都能增加其鲜味；松菌也可以做燕窝下面的垫菜，而两种鲜嫩的食物放在一起会更加鲜嫩。

面筋三法

　　做面筋有三种烹制方法：第一种方法，把面筋放入油锅里煎得焦黄，再加鸡汤、蘑菇清炖；第二种方法，面筋不过油，先用水泡发，再切成条用少量浓鸡汤炒，炒的时候加冬笋、天花蕈，这道菜章淮树观察家做得最地道，面筋装盘时粗略撕开，不要用刀切；第三种方法，把面筋和泡好的虾米放进泡虾米的原汁中，然后放些甜面酱炒，味道非常好。

茄二法

　　吴小谷广文家做茄子的方法：先把整个茄子削去皮，用开水泡以除去苦汁，再放一些猪油煎。一定要等茄子上的水干了后才可以煎，随后加入甜酱水干煨，味道很好。卢八太爷家做茄子是先把茄子切成小块，不去皮，放入油锅煎到微黄，再加酱油爆炒，也很好吃。这两种做法我都学过，但没有完全掌握窍门。我做茄子只是将茄子蒸熟划开，用麻油、米醋凉拌，是比较适合夏天吃的菜；有的时候也会把茄子煨干做成茄脯，然后装盘上桌。

苋羹

苋菜要细心摘取嫩尖干炒着吃,如果加些虾米或虾仁味道会更好。做这道菜不可以留有汤汁。

芋羹

芋头柔软滑腻,搭配荤菜、素菜都可以。可以把芋头切碎和鸭肉一起做羹,也可以用来煨肉,还可以把芋头和豆腐放在一起加酱水煨。徐兆璜明府家做芋羹是选一些小子芋和小鸡一起煨汤,味道非常好,可惜做法没有流传下来。我猜测大概是煨的时候只用作料,不放水。

豆腐皮

先把豆腐皮泡软,再加适量的酱油、醋、虾米搅拌,这道菜非常适合夏天食用;蒋侍郎家做这道菜时喜欢在豆腐皮中加入海参,做法很巧妙。豆腐皮可以加紫菜、虾肉做成汤,味道很好;或是和蘑菇、笋一起煨清汤也很好,以煨烂为标准。芜湖的敬修和尚喜欢把豆腐皮先卷成卷再切段,然后放入油锅里微炸,最后和蘑菇一起煨烂,味道非常好。记住不能加鸡汤。

扁豆

将现摘的新鲜扁豆加肉、汤同炒,炒熟后去掉肉,只留扁豆。如果不放肉清炒,最好多用油。扁豆以肥大软嫩为好,表面的毛粗糙且又瘦又薄的扁豆是贫瘠的地里长出来的,不能吃。

瓠子、王瓜

先把草鱼切成片炒一下,再加入瓠子和酱汁一起煨即可。把瓠子换成王瓜,也可以这么做。

煨木耳、香蕈

扬州定慧庵的师父能把木耳煨成原样的两分厚、把香菇煨成原样的三分厚。做法是先用香菇的菌盖部分熬出汤汁做卤,再加木耳、香菇同煨。

冬瓜

冬瓜的用处非常多,用它来拌燕窝、拌鱼肉,甚至拌鳗鱼、鳝鱼和火腿都可以。扬州定慧庵的师父烹制出来的冬瓜尤其好吃,颜色好像血红的琥珀,做时没加荤汤。

煨鲜菱

煨煮新鲜的菱角要用滚热的鸡汤,临上桌时把汤倒掉一半。记住选菱角时,从池塘中现摘的才新鲜,浮出水面的菱角才脆嫩。如果将菱角和新鲜的栗子、白果一起煨烂,味道尤其好。也可以用糖来煨菱角,做点心也可以。

豇豆

豇豆要和肉一起炒,将要端上桌时,去掉肉,只留豇豆在盘中。豇豆要选用十分嫩的,食用前要先撕去边筋。

煨三笋

把天目笋、冬笋和问政笋一起放入鸡汤里煨熟，这道菜号称"三笋羹"。

芋煨白菜

先把芋头煨得极烂，再放入白菜心同煮，然后加酱水调和一下就可以了。最好的家常菜只有白菜，但一定要用新鲜采摘的、肥嫩的白菜，颜色发青的就是老了，摘下时间太长就会干枯。

香珠豆

一般在八九月份采摘的晚熟的毛豆，豆粒肥大且鲜嫩，人称"香珠豆"。把毛豆煮熟以后放在酱油、酒里浸泡一会儿就可以吃了；可以去壳浸泡，也可以带壳浸泡，这样做出来的毛豆鲜美柔软又好吃。与此相比，一般毛豆不值一吃。

马兰

摘取鲜嫩的马兰头，加入醋配笋拌着吃。吃了油腻的食物后吃它，可以唤醒脾胃。

杨花菜

南京三月份盛产杨花菜，这种菜柔软、清脆，和菠菜很像，名字也很雅致。

问政笋丝

问政笋就是杭州笋。徽州人送来的问政笋多半是淡笋干,吃的时候必须先用水泡软后切成丝,再用鸡汤煨煮。龚司马家用酱油煮笋,烘干后端上桌,徽州人吃了,惊叹这道菜味道很独特,我觉得他们这般似大梦初醒的样子很有趣。

炒鸡腿蘑菇

芜湖大庵的师父做炒鸡腿蘑菇这道菜时,先把鸡腿冲洗干净,再除去蘑菇上面的泥沙,然后加酱油、酒一起炒熟,最后装盘宴请宾客,这是道非常好的菜。

猪油煮萝卜

先用熟猪油炒一下萝卜,再加入虾米煨煮,以烂熟为标准。起锅时撒点葱花,菜色像琥珀一样漂亮。

小菜单

小菜是用来辅助人们进食的,就像府、史等官府中的小吏辅佐六部尚书等大官一样。要唤醒脾胃,去除体内湿浊,全靠小菜。在这里,我写了小菜单。

笋脯

出产笋脯的地方虽然非常多,但我认为我家乡那儿烘制的笋脯最好。一般做法是,先取新鲜的竹笋加盐煮熟,然后放入篮中烘制。烘制时需要昼夜不停地查看,因为火稍微不旺了笋就会变味。如果加了清酱,笋脯颜色就会微微发黑。春笋、冬笋都可以用来制作笋脯。

天目笋

天目笋大多在苏州售卖,以商贩们放在竹篓表面上的质量为最好,表面往下两寸就会掺入老根硬节的劣笋。要得好笋,必须出高价专买篓中表面那数十条笋,这样才能积少成多。

玉兰片

烘制冬笋片时,可以稍微加点蜂蜜。苏州孙春杨家有咸、甜两种味道的冬笋片,咸味的更好吃一些。

素火腿

处州出产的笋脯号称"素火腿",也就是处片。处片放久了会变得干硬,不如自己买毛笋烘制出的笋脯好吃。

宣城笋脯

宣城出产的笋,笋尖颜色黑而且长得肥壮,类似天目笋,是质量非常好的笋。

人参笋

人参笋是被做成人参形状的细笋,制作时略加蜂蜜水。扬州人把这种笋看得很珍贵,所以售价很高。

笋油

用十斤竹笋,先蒸上一天一夜,打通各笋节;然后把它们铺在木板上,像做豆腐那样上面放一块木板加压,使笋汁流出来;最后往笋汁里加一两炒盐,就做成了笋油。压榨过的笋晒干后仍可拿来做成笋干。天台的僧人常做笋油送人。

糟油

糟油产自太仓州,年份越久品质越好。

虾油

买几斤虾,和酱油一起放到锅里煮;起锅时,先用布沥出酱油,再用布把虾包好,最后和沥出的油一起放到罐中,就制成了虾油。

喇虎酱

把秦椒捣烂和甜酱一起蒸熟,也可以掺入虾米,就制成了喇虎酱。

熏鱼子

熏鱼子的颜色像琥珀一样,以油多者为上等品,这道菜出自苏州孙春杨家。熏鱼子越新鲜越好吃,时间放久了,味道会变,油也会变少。

腌冬菜、黄芽菜

腌制好的冬菜、黄芽菜,都是淡的味鲜,咸的味差。然而如果想长时间存放,就必须多用盐。我经常腌一大缸菜,到三伏天的时候揭开盖,上半缸虽然臭了烂了,下半缸却是非常鲜香美味,菜的颜色更是洁白如玉,真是奇妙!这就说明鉴别食物跟鉴别人才一样,不能只看外表。

莴苣

腌制莴苣有两种方法:第一种方法,用酱稍微腌一下,刚腌好的莴苣脆嫩、惹人喜爱;第二种方法,腌得久一些,使它变成莴苣干,切片吃起来非常鲜美。但一定是味道淡的更好,太咸就不好吃了。

香干菜

先把春天的芥菜菜心风干,再摘取菜梗稍加盐腌制,晒干后加入酒、糖、酱油拌匀蒸熟,风干后放入瓶中即可。

冬芥

冬芥又叫雪里蕻,一种做法是整棵腌制,口味以清淡为好；另一种做法是先把菜心风干，再切碎放到瓶中腌制。冬芥腌熟后可以放到鱼羹里煮，味道极鲜；也可以用醋拌了之后放入锅中作辣菜，拿来煮鳗鱼、鲫鱼最好。

春芥

把春天的芥菜菜心风干、切碎、腌熟后放入瓶中，人们称之为"挪菜"。

芥头

先把芥菜菜根切成片，再和芥菜一起腌制，吃起来非常清脆；或者把整棵芥菜腌制晒干后做成脯，吃起来也非常美味。

芝麻菜

先把腌好的芥菜晒干，再切得极碎蒸熟了吃，号称"芝麻菜"，比较适合老人吃。

腐干丝

把上好的豆腐干切成极细的丝，用虾、酱油拌着吃即可。

风瘪菜

先把冬菜的菜心取出风干，再腌制后挤出卤汁，然后把菜装进小瓶用泥封好瓶口倒放在灰上，号称"风瘪菜"。夏天吃的时候，菜颜色发黄，味道清香。

糟菜

取腌好的风瘪菜，用菜叶包好，每放一小包，铺一层香糟，层层重叠放入缸里。吃的时候，打开小包，糟不会沾到菜上，菜里却有糟的香味。

酸菜

把冬菜的菜心风干后稍微腌制，先加糖、醋和芥末调和，再连卤汁一起放入罐中，也可加少许酱油。宴席上喝醉吃饱之后吃这种酸菜，既能醒脾又能解酒。

台菜心

把春天的台菜菜心腌制后，先挤出卤汁，再放入小瓶中装好，夏天吃非常好。如果是把台菜菜花风干后腌制，就是菜花头，可以用来烧肉。

大头菜

南京承恩寺出产的大头菜，放得越久品质越好，和荤菜一起烧，最能激发鲜味。

萝卜

挑选肥大的萝卜，用酱腌一两天就吃，味道甜脆可口。有一个姓侯的尼姑喜欢把萝卜做成萝卜干，她把萝卜剪成像蝴蝶一样的薄片，片片相连，连续不断，长度能达一丈多，也是一个新奇的事儿。承恩寺有一个卖萝卜的人，他是用醋腌，腌的时间越久的越好吃。

乳腐

豆腐乳以苏州温将军庙门前卖的为最好，颜色黑而且味道鲜美，有干的、湿的两种。有一种虾子腐乳味道也很鲜美，只是略有腥气。广西产的白腐乳最好，王库官家制作的豆腐乳也很好吃。

酱炒三果

把核桃、杏仁去皮备好，榛子不用去皮。先用油把三种果仁炸脆，不能炸得太焦，再放入酱腌制。酱放多少，根据原料多少决定。

酱石花

把石花菜清洗干净腌入酱里，要吃的时候再把酱洗去即可。石花菜又被称为"麒麟菜"。

石花糕

把石花菜熬烂制成膏状，吃时用刀划开即可。膏体颜色像蜜蜡一样。

小松菌

先把清酱和松菌一起放入锅里煮熟，收汁起锅，再加麻油放进罐中。小松菌一般可以吃两天，时间长了就会变味。

吐铁

　　吐铁产自兴化、泰兴。有初生的肉质非常嫩的吐铁，用米酒浸泡后加糖，它就会吐出油。吐铁虽然又被称为"泥螺"，但还是没有泥的更好。

海蜇

　　把嫩海蜇放到甜酒里浸泡腌制好后，有其独特的风味。海蜇表面光滑的伞部又被称为"白皮子"，可以切成丝用酒、醋一起凉拌着吃。

虾子鱼

　　虾子鱼产自苏州，小鱼生下来就有鱼子。这种鱼活的时候烹煮食用比做成干鱼味道更鲜美。

酱姜

　　把嫩生姜稍加腌制，先用粗酱腌，再用细酱腌，一共腌三次才能腌好。古人的方法是，把一个蝉蜕加入酱中，这样做出来的姜可以长期存放而且始终鲜脆细嫩。

酱瓜

　　先将瓜腌制一下，风干后放入酱里再腌，跟酱姜的制作方法一样。想要酱瓜甜不难，想要它脆却比较难。杭州施鲁箴家做的酱瓜最好吃。据说是把瓜腌制后晒干再腌制一次，所以腌好的瓜皮薄而且微微起皱，吃起来香脆可口。

新蚕豆

选取新鲜的蚕豆中比较嫩的,用腌制好的芥菜一起炒,味道极好。蚕豆要现采现吃才好。

腌蛋

腌蛋以高邮产的最好,颜色通红而且油很多。高文端公最喜欢吃这种腌蛋。在宴席上,他往往先夹取腌蛋招待客人。腌蛋放在盘中时,适合带壳切开,蛋黄、蛋白一起吃;不可以只留蛋黄而去掉蛋白,这样会使味道不齐全,蛋黄里的油也容易流走。

混套

先把生鸡蛋的壳稍微敲开一个小洞,倒出蛋清、蛋黄后,去掉蛋黄只留蛋清备用;再把煨好的浓鸡汁拌入蛋清里,用筷子长时间搅拌,使鸡汁和蛋清充分融合;然后把混合后的液体仍装回蛋壳中,用纸把蛋壳上的小洞封好,放到饭锅里蒸熟即可。蛋蒸熟后,剥去外壳,仍然像一个完整的鸡蛋,而且味道非常鲜美。

茭瓜脯

把茭瓜放入酱里腌制,取出风干后,切成片制成茭瓜脯,味道和笋脯类似。

牛首腐干

豆腐干以牛首山僧人制作的为上等品。山下卖这种食品的有七家，只有晓堂和尚家做的最好吃。

酱王瓜

王瓜刚长出来时，选择细一点的放入酱里腌制，腌好后的王瓜口感脆爽而且味道鲜美。

点心单

南梁武帝之子昭明太子把点心列为小食,郑馐之妻劝小叔子暂时吃些点心,可见『点心』这一名称由来已久。在这里,我写了点心单。

鳗面

把一条大鳗鱼蒸烂后,拆下鱼肉去掉骨头,把鱼肉和入面里,先加适量的鸡汤揉匀,再擀成面皮,然后用小刀把面皮切成细条放入鸡汤、火腿汤和蘑菇汤中煮沸即可。

温面

把细面放到汤里煮,煮熟后沥干水分放入碗中,用鸡肉、香菇制成浓卤,临吃时拿瓢舀起卤汁淋到面上即可。

鳝面

把鳝鱼肉熬成卤汁,放入面条后煮沸即可。这是杭州的做法。

裙带面

用小刀把面皮切成条,稍宽一些,就是裙带面。一般来说,煮好的面总以汤多卤多、碗里看不见面条为好。因为宁愿让人吃完后觉得不够再添,也不要一次放太多面,这样才能勾起食欲。而这种吃面的方法之所以在扬州非常流行,恰恰是因为这样做很有道理。

素面

提前一天先摘下蘑菇的菌盖熬出汁,把汤汁澄清备用;第二天再把笋也熬出汁，然后把面条放入两种汤汁里煮开即可。扬州定慧庵的师父做的素面最地道，但他不肯把方法传授给别人。不过做法大致可以模仿。有人说，那纯黑色的卤汁是暗中放了虾汁和蘑菇原汁，而且汤汁也只须澄去泥沙，不要再换水，一换水原来的味道就淡了。

蓑衣饼

先把干面粉用冷水和成面团，不要多揉，擀薄后把薄面片卷拢了再擀薄，然后把猪油、白糖均匀地抹在面上，再次卷拢擀成薄饼，最后用极少的猪油煎得微微发黄即可。如果要吃咸的，就把葱、椒、盐抹在面片上就行。

虾饼

在生虾肉里加少量葱、盐、花椒和甜酒，加水、面和在一起捏成饼，用香油煎熟即可。

薄饼

山东孔藩台家做的薄饼，薄得像蝉的翅膀，大得像茶盘，吃起来又柔软又滑腻。我的家人也按照孔家的方法做薄饼，却始终不能与之相比，不知是什么原因。陕甘地区的人制作了一种锡制小罐，可装三十张饼，里面的饼和柑橘一样大，每个客人临走时都会拿一罐。锡罐还配有盖子，可以长时间贮藏饼。这种饼的馅用的是炒猪肉丝，和头发一样细，里面的葱也是；如果是猪肉、羊肉一起用作馅，这饼又叫"西饼"。

松饼

南京莲花桥教门方店制作的松饼最地道。

面老鼠

用热水和面,等到鸡汤煮沸时,用筷子夹面一下一下放进锅里,面块不分大小,汤里可以再加一些新鲜菜心,吃时别有一番风味。

颠不棱(即肉饺也)

面粉里加水搅成面糊后摊开,包点肉馅上笼蒸熟。这种做法的得意之处全在于做馅的方法得当,不过是肉要嫩、要去筋、作料调得好罢了。我曾在广东官镇台家吃过颠不棱,味道特别好,里面是用的肉皮煨成的膏状物作馅,所以吃起来十分柔软鲜美。

肉馄饨

做馄饨的方法和做饺子的方法一样。

韭合

先把韭菜的白茎切碎和肉馅搅拌均匀,再加作料调和,然后用面皮包好放到油锅中煎熟即可,如果能在面里加些酥油更好。

面衣

先用糖水和面备好,再起油锅烧热,然后用筷子夹面一下一下放进油锅中炸，做成饼的形状，号称"软锅饼"，这是杭州人的吃法。

烧饼

把松子仁、胡桃仁敲碎，先加冰糖末、猪油一起和进面饼里，再放到锅里煎，煎成两面发黄时加芝麻即可。家厨扣儿会做烧饼。一般面粉筛过四五次后，颜色就像雪一样白了。记住必须用两面锅，上下都用炭火烤，如果加一些奶酥味道会更好。

千层馒头

杨参将家做的馒头颜色白得像雪，用手揭开表皮，里面好像有千层之多。南京人不会做这种馒头。这种做馒头的方法扬州人学到了一半，常州人、无锡人也学到了一半。

面茶

先把粗茶煮出茶汁，再把茶汁兑入炒好的面里，可以加芝麻酱，加牛奶也可以，稍微加一撮盐。如果没有牛奶，加些奶酥、奶皮也可以。

杏酪

先把杏仁捣成浆、滤去渣，再把过滤好的浆拌入米粉，然后加入糖慢熬就可以了。

粉衣

做粉衣和做面衣一样，加糖、加盐都可以，怎么方便怎么做。

竹叶粽

用竹叶把白糯米包成粽子的形状放进水里煮，粽子又尖又小，像刚长出的菱角。

萝卜汤圆

先把萝卜刨成丝放开水中煮熟，以除去萝卜特有的气味；再把萝卜丝沥干水分，拌入葱和酱做成馅，包好后用麻油炸，放入开水里煮也行。春圃方伯家做萝卜饼的方法，家厨扣儿如果学会了，可以用这种方法尝试着去做韭菜饼、野鸡饼。

水粉汤圆

用和好的水磨糯米粉做成的汤圆，口感非常滑腻，里面用松仁、核桃、猪油、糖作馅，或是先把嫩肉去掉筋膜后捶烂，再加葱末、酱油作馅也可以。做水磨糯米粉的方法是，先把糯米放进水里泡一天一夜，然后连米带水磨制，用布盛接米浆，布下加些柴火灰用来接米渣，最后留取细粉晒干就可以了。

脂油糕

先把纯糯米粉拌入猪油放在盘里蒸熟，再把捣碎的冰糖加入粉中，蒸好后用刀切开即可。

雪花糕

先把蒸好的糯米饭捣烂,再用研碎的芝麻屑加糖作馅,把它们和在一起后捶打成一块大饼,食用时切成方块即可。

软香糕

苏州都林桥做的软香糕堪称第一,其次是西施家做的虎邱糕,南京南门外报恩寺则是第三了。

百果糕

杭州北边关外卖的百果糕最好,其中又以口感粉糯,松仁、胡桃仁多,里面不放橙皮丁的味道最妙。这种糕的甜味不像蜜也不像糖,可以现吃,也可以久存。我的家厨没学会这种做法。

栗糕

把栗子煮得极烂,用纯糯米粉加糖做成栗糕蒸熟,表面撒些瓜子仁、松子仁即可。这是重阳节的小吃。

青糕、青团

把青草捣烂榨出汁,加入糯米粉里揉成青糕和青团,颜色像碧玉一样绿。

合欢饼

像蒸饭一样把糕蒸熟,首先用木印给糕定形,做出来的糕像小珙璧，然后把糕放在铁架上烘烤，要稍微加些油，这样糕才不会粘在铁架上。

鸡豆糕

把鸡豆磨碎，加少量糯米粉制作成糕，放进盘里蒸熟。临吃前，用小刀切开即可。

鸡豆粥

鸡豆可以研碎用来煮粥，新鲜的最好，放久的鸡豆也可以。再加些山药、茯苓味道更好。

金团

杭州金团的做法是，先把木头凿成桃子、杏子、元宝的形状，再把和好的糯米粉捏成团，按入木模子中塑成一定的形状即可。馅用荤的素的都可以。

藕粉、百合粉

藕粉如果不是自家研磨的，就不敢相信它是真货。百合粉也是这样。

麻团

把糯米蒸熟后捣烂做成团子，里面用芝麻屑拌糖做成馅。

芋粉团

把芋头磨成粉晒干，混合米粉一起做成团子。朝天宫道士做的芋粉团是用野鸡肉做馅，味道很好。

熟藕

做熟藕须自家把糯米塞入藕里加糖一起煮，这样做出来的藕连同煮藕的汤味道都十分好。外面卖的熟藕往往是用灰水煮的，味道已经变了，不可以吃。我天生爱吃嫩藕，虽然已经煮得软熟，但还是得用牙齿咬断，所以味道还在；如果是老藕，一煮就成了软泥，就毫无风味了。

新栗、新菱

刚摘下的栗子煮烂后，会有松子仁的香味。厨师一般不肯费工夫煨烂，所以有的南京人一生都不知道栗子的这种香味。南京人对待新产的菱角也是这样，他们总是要等到它老了才吃，所以对菱角的香味也浑然不知。

莲子

福建莲子虽然名贵，但不如湖南莲子容易煮烂。一般来说，要先在莲子稍熟时摘去莲子心，去掉莲子皮，再放进开水里用文火煨煮。要盖好锅盖，不能打开看，也不能随意熄火。这样煮大约两炷香的时间莲子就熟了，吃的时候不会觉得生硬。

芋

十月份天气晴朗的时候，挖一些子芋、芋头，把他们晒到极干后放进干草里储存，不要让它们被冻伤。第二年开春时拿出来煮着吃，有自然的甜味。一般人不知道。

萧美人点心

仪真南门外，有一位萧美人善于做点心，像馒头、糕饼、饺子这些，都做得小巧、惹人喜爱，颜色洁白得像雪一样。

刘方伯月饼

用山东出产的精面粉和面，做成月饼的酥皮，里面用研细的松子仁、核桃仁、瓜子仁稍加些冰糖和猪油做成月饼馅，这样吃起来不会太甜，而是松软柔腻，与普通的月饼不一样。

陶方伯十景点心

每到过年过节，陶方伯夫人都会亲手制作十种点心，都是用山东精面做成的。点心奇形怪状，五彩缤纷，吃起来都是甘甜可口，令人应接不暇。萨制军说："吃了孔方伯的薄饼，天下的薄饼都可以不吃了；吃了陶方伯的十景点心，天下的点心都可以不吃了。"陶方伯去世后，这些点心也就像《广陵散》一样失传了。唉！

杨中丞西洋饼

把鸡蛋清和精面调成浓稠的面糊，放入碗里备用。打造一把铜夹剪,头部做成饼的形状,大小和碟子一样,上下两面叠在一起时合缝处不到一分宽。先用旺火把铜夹烤得热热的,再把面糊放进夹子里,一夹一烤,马上就做成了薄饼。这种饼色如白雪,像绵纸一样透明,饼面上可稍微撒些冰糖、松子仁屑。

白云片

白米锅巴薄得像绵纸一样,用油煎一下,加一点白糖,吃起来非常脆。南京人做这个做得最地道,又叫"白云片"。

风栩

先把米粉浸透后制作成小块,再放到猪油里炸,起锅时撒些白糖拌好,颜色得像霜一样,并且入口即化。杭州人把它称为"风栩"。

三层玉带糕

用纯糯米粉做玉带糕,共三层:上、下两层是米粉,中间一层是猪油和白糖,夹好蒸熟后切开即可。这是苏州人的做法。

运司糕

卢雅雨先生担任运司时,年纪已经很大了。扬州有个开糕饼店的人做了一种糕点献给他,他吃了后大为称赞。从此以后,这种糕点就有了"运司糕"这一名称。这种糕点色白如雪,上面点的胭脂红得像桃花。糕点的馅含糖很少,味道虽淡但美味异常。运司衙门前的小店里做的运司糕最好,其他店做的运司糕粉太粗,颜色也不好看。

沙糕
用糯米粉蒸糕,中间夹芝麻、糖屑作馅。

小馒头、小馄饨
把馒头做成像胡桃一样大,用蒸笼蒸熟,吃时仍用蒸笼装着,每双筷子一次可以夹两个,这是扬州的特色点心。扬州人的发酵手艺最好,用手把面团按下去,陷入不超过半寸,松开手后面团仍会隆起很高。小馄饨跟龙眼差不多大小,用鸡汤煮熟即可。

雪蒸糕法
每次磨细粉,以糯米两分、粳米八分为标准比例。把糯米粉、粳米粉拌匀后放在盘中,仔细地洒些凉水,以捏起可以成团、撒开像沙子为标准。和粉之前,先将细粉用粗麻筛筛出来,把剩下的大块搓碎后仍放在筛子里筛,直到全部筛完;再把两次筛好的面粉混合均匀,干湿适度,千万不能太干,可用毛巾盖住以免风干,放一边备用(如果在水里加些糖则更美味;拌粉的方法和市面上做枕儿糕的方法相同)。制糕工具如锡圈、锡钱等都须洗刷干净,临用时以香油掺水,用布蘸着擦拭一下。每次蒸完糕,一定要再擦洗一次。蒸糕时,每一个锡圈里的锡钱都要放平稳,先松松地装一小半粉,把果馅轻轻放进粉中,再把粉松松地装满锡圈,轻轻抹平,然后套在汤瓶上盖好，等到盖口的热气直冲上来就是蒸好了。蒸好后取下倒置，先去掉锡圈，后去掉锡钱，最后用胭脂在糕表面装点一下，有两个锡圈可以更替使用。注意汤瓶要洗干净，注入的开水以到瓶肩为宜。如果煮久了水就干了，要留心观察，备好热水以不断添加。

作酥饼法

备好已完全冷却定形的猪油一碗，开水一碗，先把油和水搅拌均匀，并加入生面充分揉搓，揉好的面团要柔软得像擀饼用的面一样。另往蒸熟的面里加些猪油，并揉捏到一起，不要太硬；然后把生面做成核桃大小的团子，把熟面也做成团子，比生面团子略小一圈；接着把熟面团子包进生面团子里，擀成八寸长、两三寸宽的长饼；最后折叠成碗状，包上各种馅即可。

天然饼

泾阳张荷塘知府家做的天然饼，用的是上好的精白面粉，加了少量糖和猪油起酥，随意捏成饼状，像碗一样大，方的、圆的，形状不拘，厚度约为两分。饼的下面铺上干净的小鹅卵石，锅下烧火烤饼的时候，饼的表面随卵石的起伏而变得凹凸不平，等到颜色半黄时便可起锅，吃起来既酥松又美味。想吃咸饼，就把糖换成盐。

花边月饼

知府家做的花边月饼不比山东刘方伯家做的差。我经常用轿子接他家的女厨来随园里做月饼，她用精白面粉拌生猪油，反复揉搓上百次后，才把枣肉嵌进面团里作馅，并把面团裁成跟碗差不多大，用手把周边捏成菱花的形状。烤的时候，用两个火盆把饼包裹住，上下合在一起烤。记住，枣不去皮，是要保留它的鲜美；油不先熬，是要保留它的清新。这种月饼吃的时候含进嘴里就化了，甜而不腻，松软而不板结，功夫全在面团的揉捏之中，揉的次数越多越好。

制馒头法

我偶然吃到过龙明府家做的馒头，又白又细腻，像雪一样表面泛着银光，我觉得是用北方精面做成的缘故。但主人说不是。面粉并不分南北，而是一定要筛得极细，筛到第五次，面粉自然又白又细，不必非得用北方的面粉，只是发酵最难掌握。我请龙明府家的厨师来家里教，我们去学，但终究还是做不到把面发得又松又软。

扬州洪府粽子

洪府制作粽子用的是最好的糯米，且挑选的是其中完整、长粒、白色的，去掉了半颗、散碎的。制作方式：先仔细地淘洗糯米，再用大箬叶把糯米包起来，中间放一大块上好的火腿，包好后放进锅里盖上锅盖焖一天一夜，柴火不断。粽子煮好后，吃起来滑腻、柔软，肉和米都融在了一起。有人说，直接把肥一点的火腿切碎散放在糯米中裹成粽子也可以。

饭粥单

粥和饭是饮食的根本,其余诸菜都相对次要。俗话说,只要立好了事物的根本,基本原则也就有了。在这里,我写了饭粥单。

饭

　　王莽说："盐是所有菜肴的将领。"我却想说："饭是所有味道的根本。"《诗经》里说："淘米的声音溲溲响，蒸饭的热气浮浮香。"可见古人也吃蒸熟的饭，然而终究还是嫌米汁不在饭里。善于煮饭的人，虽然是用水煮，但煮出来的饭和蒸出来的饭一样，颗粒分明，入口松软、香糯。其诀窍有四条：一是要用上好的米，比如"香稻""冬霜""晚米""观音籼""桃花籼"等品种的米，米还要舂得极细，阴天雨天要摊开翻晾，不能让米发霉结块；二是要善于淘米，淘米时不要怕费工夫，要用手反复揉搓，洗到水从箩中沥出时仍是清水，没有米色；三是要用火得法，先用武火后用文火，焖煮收火得当；四是要量米放水，水不多不少，煮出来的饭才能软硬适宜。常常见那些富贵人家讲究菜肴而不讲究米饭，舍本逐末，真是可笑。我不喜欢用汤浇饭，是因为这种吃法会失去饭的本来味道。汤确实好的话，我宁可喝一口汤，吃一口饭，前后分开来吃，才能两全其美；实在不得已，就用茶和开水泡饭，也不至于让饭失去真正的味道。饭的甘美超过各种食物，真正知饭味、懂饭味的人，遇到好饭都可以不吃菜了。

粥

　　只能看见水而看不见米，不是粥；只能看见米而看不见水，也不是粥。做粥一定要使水米交融，水米柔软、细腻得如同一体，才能称得上是粥。尹文端公说："宁可让人等粥，也不能让粥等人。"这真是至理名言,做粥要防止灶火停了而变了味道,这样米汤也干了。近来有人煮鸭肉粥,往粥里加荤腥之品;也有人煮八宝粥,往粥里加入果味食品,这些做法都使粥失去了本味。实在不得已,夏天用绿豆,冬天用黍米,把这些加入粥里,五谷掺五谷,还算没有大碍。我曾经在某位观察家中用餐,各种菜肴味道皆可,但饭和粥口感实在粗糙,我勉强吃了下去,回家后就大病了一场。我常就这事和人开玩笑说:"这是五脏神突然落了难,所以我当时自然是经受不起。"

茶酒单

喝七碗茶能使人两腋生清风,饮一杯酒能使人忘掉尘世,所以人一定要饮用"六清"。在这里,我写了茶酒单。

茶

要想冲泡出好茶，必须先贮藏好水。水最好用中泠、惠山泉的水。但一般人家怎么可能专设驿站运送这种水呢？然而天空中落下的雨水、雪水，人们还是可以尽量贮藏一点的。新鲜的雨水、雪水味辣，贮存久了味道才会变得甘甜。我尝遍了天下的各种茶，以武夷山山顶所产、用水冲泡开后呈白色的茶为第一。然而这种茶进贡给朝廷数量尚且不够，在民间就更难喝到了。位居第二的就是龙井了。清明前采摘的龙井叫"莲心"，这种茶味道太淡，须多用一些才好；谷雨前采摘的龙井最好，一旗一枪，绿得像碧玉。收存茶叶时要用小纸包，每包四两，包好放进石灰坛子里，隔十天得换一回石灰，坛口要用纸盖扎紧，否则不小心走了气，茶叶的颜色和味道就全变了。烧水时要用武火，并使用穿心罐，水一煮开就泡茶，煮开太久水也就变味了。如果等水停止沸腾才用来泡茶，茶叶就会浮在水面上。茶叶冲泡一次就喝，并用盖子紧盖茶杯，否则茶味又会变。其中的关键之处，不能有任何差错。山西裴中丞曾对人说："我昨天拜访随园，才算喝上了一杯好茶。"唉，裴公是山西人，能说出这话说明他十分懂饮茶。而我见过一些土生土长的杭州的士大夫，一踏入官场就喝开始煮的茶，茶味苦得像药，茶色红得像血。这不是和那些脑满肠肥的人吃槟榔的做法一样吗？俗气啊！除了我故乡的龙井之外，我把我认为可以尝尝的茶都列在了后面。

武夷茶

　　我向来不喜欢喝武夷茶，嫌它味道太苦，像喝药一样。但是丙午年的秋天我游玩武夷山，去了曼亭峰、天游寺等多个地方，这儿的僧人和道士都争着以武夷茶款待于我，他们使用的茶杯小得像胡桃，茶壶小得如香橼，每杯容量还不到一两。茶入口后不忍心立即咽下去，而是先闻闻茶的香气，再品尝茶的味道，慢慢咀嚼茶叶，细细体会。果然是清香扑鼻，喝下后舌头上还留有甜味。一杯下肚之后，我又喝了一二杯，顿感烦躁全无，心境平和，心旷神怡。我这才觉得龙井虽然清新但茶味淡薄，阳羡茶虽好但韵味不够，所以如果拿武夷茶和其他茶做比较，就很像拿玉与水晶相比，二者实则是品格不同。因此，武夷茶享有天下盛名，当之无愧。而且武夷茶可以冲泡三次，而茶味依然未尽。

龙井茶

　　杭州山上的茶，每处所产都很清香，只不过以龙井为最好。我每次回乡扫墓，看护坟地的人总是送上一杯茶，水是清的，茶是绿的，这是富贵人家喝不到的茶啊！

常州阳羡茶

　　阳羡茶是深绿色的，形状像雀鸟的舌头，又像大的米粒，味道比龙井略浓一些。

洞庭君山茶

　　洞庭湖君山出产的茶，颜色、味道都和龙井相似，但茶叶稍宽一些，颜色比龙井更绿一些，采摘量很少。方毓川巡抚曾送给我两瓶君山茶，果然是好到了极点。后来又有人送我这种茶，但都不是真正的君山茶了。

此外如六安的茶、银针、毛尖、梅片、安化的茶等品种，都是降了等级的了。

酒

我天性不爱喝酒，所以对酒的评定很严格，但这反而能让我品出酒的好坏。现在全国各地流行喝绍兴酒，然而沧酒的清爽、浔酒的冷冽、川酒的鲜美，怎么可能都排在绍酒之下呢？大概酒像那些年老博学的读书人一样，时间越长越珍贵。酒以刚开坛的为最佳，俗话说的"酒头茶脚"就是这个意思。温酒时间不够则酒凉，时间过长则变老；酒太靠近火就会变味，必须隔水炖，并且要小心塞住酒壶漏气的地方才好。我选了几种可以尝尝的酒，罗列于后。

金坛于酒

于文襄公家酿造的于酒，有甜、涩两种口味，以味涩者为上等品。于酒清澈入骨，颜色如同松花。它的味道略像绍兴酒，但比绍兴酒更清冽可口。

德州卢酒

卢雅雨转运使家酿造的卢酒，颜色像金坛于酒，但味道要比于酒略醇厚一些。

四川郫筒酒

四川的郫筒酒,清凉爽口、清澈见底,喝起来感觉像梨汁、甘蔗浆,十分美味,让人几乎不觉得喝的是酒。但这酒从四川经过万里之遥远过来,很少有不变味的。我喝过七次郫筒酒,只有杨笠湖刺史用大木筏运来的郫筒酒最好喝。

绍兴酒

绍兴酒就像清官廉吏一样,不能掺一丝一毫的假,这样酒味才是真的。它又像德高望重的年长名士,历尽沧桑后,其品质才显得越加厚重。所以存放没超过五年的绍兴酒不能喝,而掺水的绍兴酒也存放不了五年。我常把绍兴酒称为名士,而称烧酒是光棍。

湖州南浔酒

湖州南浔酒的味道有点像绍兴酒,却比绍兴酒清冽辛辣一些。南浔酒也是存放时间久一点的好,最好超过三年。

常州兰陵酒

唐诗中有"兰陵美酒郁金香,玉碗盛来琥珀光"的诗句。我经过常州时,相国刘文定公用存放了八年的兰陵酒来款待我,果然有琥珀的光泽。但是那酒味道太过浓厚,不再有清远、悠长的意境。宜兴有种蜀山酒,与兰陵酒相似。至于无锡酒,它是用"天下第二泉"酿造的,本来是佳品,但是由于一些市井商人粗制滥造,无锡酒失去了醇厚与质朴的特性,质量下降,实在是可惜。据说也有质量好的无锡酒,但我不曾喝过。

溧阳乌饭酒

我一向不爱喝酒，但乾隆三十一年我在溧水县叶比部家喝乌饭酒，喝到第十六杯时，旁边的人都吓坏了，争相劝阻。而我还觉得有些扫兴，不舍得放下杯子。这种酒是黑色的，味道甘甜、鲜美，无法用语言来形容这种美妙的口感。据说溧水的风俗是，生了女儿一定要酿一坛乌饭酒，用青精饭制作。等到女儿出嫁时才开坛饮酒，因此，至少也得等十五六年。打开酒瓮时，瓮中酒只剩一半，但浓厚粘唇，香味都能飘到屋外。

苏州陈三白

乾隆三十年，我在苏州周慕庵家喝酒。他家的酒味道鲜美，入口后浓稠得能粘住嘴唇，杯中倒满了酒也能不溢出来。我喝到第十四杯时，还不知是什么酒，问过之后，主人说："这是珍藏了十多年的三白酒。"因为我喜欢喝，周家第二天又送来一坛，却完全不是昨天喝的那个味道。差得太多了！人世间的好东西果然是很难多得的啊！郑康成在《周官》里注解"盎齐"时说："酒液浑浊，如云雾缭绕般，呈葱白色，即酇白酒。"我怀疑他所说酇白酒就是这种酒。

金华酒

金华酒有绍兴酒的清爽，却没有它的涩味；有女贞酒的甘甜，却没有它的俗气。金华酒也以存放时间长的为好，大概是因为金华这一带水很清澈吧。

山西汾酒

既然要喝烧酒,那就以酒劲大的为好。汾酒就是烧酒中最烈的酒。我觉得烧酒是百姓里的光棍、县衙中的酷吏。打擂台的人非得是光棍不可,铲除盗贼的人非得是酷吏才行;驱赶风寒,消除积滞,也得是非烧酒不行啊。除了汾酒,山东高粱烧是第二烈,能贮藏十年之久,那时酒色会变绿,喝到嘴里也变成甜的了,就像光棍做得久了,火气也消了,完全可以与他打交道。我常见童二树家动辄泡酒就是十斤,里面加四两枸杞、二两苍术、一两巴戟天,用布扎紧瓮口,一个月后开瓮,酒非常香。如果吃猪头、羊尾、跳神肉之类的荤菜,非要喝烧酒不可,这是因为各物有各物适宜的东西。

此外,像苏州的女贞酒、福贞酒、元燥酒,宣州的豆酒,通州的枣儿红,都是一些不入流的酒;最差劲的要数扬州的木瓜酒,一入口就觉得俗不可耐。

清 — 任伯年

清 — 任伯年

清 — 任伯年

清 — 任伯年

清 — 任伯年

清 — 任伯年

清 — 任伯年

清 — 任伯年

原文和注释

序

诗人美周公①而曰"笾豆有践"②，恶凡伯③而曰"彼疏斯稗"④。古之于饮食也，若是重乎？他若《易》称"鼎烹"，《书》称"盐梅"⑤，《乡党》⑥《内则》⑦琐琐言之；孟子虽贱"饮食之人"，而又言饥渴未能得饮食之正。可见凡事须求一是处，都非易言。《中庸》⑧曰："人莫不饮食也，鲜能知味也。"《典论》⑨曰："一世长者知居处，三世长者知服食。"古人进鬐离肺⑩，皆有法焉，未尝苟且。"子与人歌而善，必使反之，而后和之。"圣人于一艺之微，其善取于人也如是。余雅慕⑪此旨，每食于某氏而饱，必使家厨往彼灶觚⑫，执弟子之礼。四十年来，颇集众美。有学就者，有十分中得六七者，有仅得二三者，亦有竟失传者。余都问其方略⑬，集而存之。虽不甚省记⑭，亦载某家某味，以志景行⑮。自觉好学之心，理宜如是。虽死法不足以限生厨，名手作书，亦多出入，未可专求之于故纸⑯；然能率由⑰旧章⑱，终无大谬。临时治具⑲，亦易指名。或曰："人心不同，各如其面。子能必⑳天下之口，皆子之口乎？"曰："执柯以伐柯，其则不远㉑。吾虽不能强天下之口与吾同嗜，而姑且推己及物；则食饮虽微，而吾于忠恕㉒之道，则已尽矣。吾何憾哉！"若夫《说郛》㉓所载饮食之书三十余种，眉公、笠翁㉔亦有陈言㉕，曾亲试之，皆阏㉖于鼻而蜇㉗于口，大半陋儒附会，吾无取焉。

注释：

①周公：西周政治家，姓姬名旦，周文王第四子、武王弟弟，曾辅佐周武王伐纣，并制礼作乐，天下大治。因采邑在周，故称周公。

②笾（biān）豆有践：出自《诗经·豳风·伐柯》。笾，古代祭祀及宴会时常用的竹编食器。豆，古代食器，初以木制，形似高足盘。有践，陈列整齐的样子。

③凡伯：周幽王权臣。

④彼疏斯稗（bài）：出自《诗经·大雅·召旻》。疏，粗糙，也指糙米。斯，此。稗，指精米。

⑤盐梅：盐和梅子。盐味咸，梅味酸，均为调味所需。

⑥《乡党》：《论语》中的名篇。

⑦《内则》：《礼记》中的名篇。

⑧《中庸》：《礼记》中的名篇。

⑨《典论》：三国曹丕所著，多数已佚。是否指该书，有待考证。

⑩进鬐（qí）离肺：鬐，原指鱼脊鳍，这里指鱼或鱼翅。离肺，分割猪牛羊等祭品的肺叶。

⑪雅慕：非常仰慕。

⑫灶觚（gū）：原指灶口平地突出之处，此处代指厨房。

⑬方略：全盘的计划和策略。这里指具体的烹饪技法。

⑭省记：记忆；回忆。

⑮景行：景仰，仰慕。

⑯故纸：指古书旧籍。

⑰率由：遵循，沿用。

⑱旧章：过去的典章制度；老规矩。

⑲治具：置办供宴饮之用的器具。

⑳必：肯定，断定。

㉑执柯以伐柯，其则不远：出自《诗经·豳风·伐柯》，比喻只要遵循一定的准则去做事，结果就不会差太多。柯，斧子柄。

㉒忠恕：儒家推崇的道德规范。忠，谓尽心为人；恕，谓推己及人。
㉓《说郛（fú）》：元代陶宗仪编纂的一部笔记丛书，共一百卷。原本已佚，今本乃近人据明抄本刊刻。收汉魏至宋元各种笔记，内容包括经史诸子、志怪传奇、稗官杂记乃至诗话、文论。采用之书有六百余种，其中少数作品世无传本。
㉔眉公、笠翁：眉公，明代文学家、书画家陈继儒，字仲醇，号眉公。笠翁，明末清初剧作家李渔，字谪凡，号笠翁。
㉕陈言：陈述的言论。
㉖阏（è）：阻塞，堵塞。
㉗蜇（zhē）：刺痛。

须知单

学问之道，先知而后行，饮食亦然。作须知单。

先天须知

凡物各有先天，如人各有资禀。人性下愚，虽孔、孟教之，无益也；物性不良，虽易牙①烹之，亦无味也。指其大略：猪宜皮薄，不可腥臊；鸡宜骟②嫩，不可老稚；鲫鱼以扁身白肚为佳，乌背者必崛强③于盘中；鳗鱼以湖溪游泳为贵，江生者，必槎枒④其骨节；谷喂之鸭，其膘肥而白色；壅土⑤之笋，其节少而甘鲜；同一火腿也，而好丑判若天渊；同一台鲞⑥也，而美恶分为冰炭。其他杂物，可以类推。大抵一席佳肴，司厨之功居其六，买办之功居其四。

注释：

①易牙：春秋时期名厨，后多代指烹调手艺高超的人。
②骟（shàn）：阉割，指去除牲畜的睾丸或卵巢，阉割后的牲畜会长得膘肥体壮。
③崛强：僵硬。
④槎枒（chá yā）：原指树的枝丫错杂凌乱的样子，这里指鱼刺纵横交错。
⑤壅（yōng）土：在植物根部培上有肥料的泥土。
⑥台鲞（xiǎng）：特指浙江台州出产的干鱼。鲞，剖开晾干的鱼。

作料须知

厨者之作料，如妇人之衣服首饰也。虽有天姿①，虽善涂抹，而敝衣蓝缕②，西子亦难以为容③。善烹调者，酱用伏酱④,先尝甘否;油用香油,须审生熟;酒用酒酿⑤,应去糟粕;醋用米醋,须求清冽⑥。且酱有清浓之分,油有荤素之别,酒有酸甜之异,醋有陈新之殊,不可丝毫错误。其他葱、椒、姜、桂、糖、盐,虽用之不多,而俱宜选择上品。苏州店卖秋油⑦,有上中下三等。镇江醋颜色虽佳,味不甚酸,失醋之本旨矣。以板浦醋为第一,浦口醋次之。

注释:

①天姿:姿容。常指美艳的姿色。

②敝衣蓝缕:敝衣,破旧衣服,也指穿戴破旧。蓝缕,同"褴褛",形容衣服破烂。

③为容:修饰容貌。

④伏酱:指伏天所制的酱,因发酵充分,品质极佳。

⑤酒酿:即米酒,烧菜用米酒,既解腥气,又增香郁。

⑥清冽:这里指澄澈。

⑦秋油:即酱油。以大豆等为原料,加盐、水,日晒三伏,晴则夜露,至深秋所获第一批者,质量最好,又叫母油。

洗刷须知

洗刷之法:燕窝去毛,海参去泥,鱼翅去沙,鹿筋去臊。肉有筋瓣,剔之则酥;鸭有肾臊,削之则净;鱼胆破,而全盘皆苦;鳗涎存,而满碗多腥;韭删叶而白存,菜弃边而心出。《内则》曰:"鱼去乙①,鳖去丑②。"此之谓也。谚云:"若要鱼好吃,洗得白筋出。"亦此之谓也。

注释:

①乙:指鱼鳃骨,一说鱼肠。

②丑：动物的肛门，这里指鳖窍。

调剂须知

  调剂之法，相物而施。有酒水兼用者，有专用酒不用水者，有专用水不用酒者；有盐酱并用者，有专用清酱不用盐者，有用盐不用酱者；有物太腻，要用油先炙者；有气太腥，要用醋先喷者；有取鲜必用冰糖者；有以干燥为贵者，使其味入于内，煎炒之物是也；有以汤多为贵者，使其味溢于外，清浮之物是也。

配搭须知

  谚曰："相女配夫。"①《记》②曰："拟人必于其伦。"③烹调之法，何以异焉？凡一物烹成，必需辅佐。要使清者配清，浓者配浓，柔者配柔，刚者配刚，方有和合之妙。其中可荤可素者，蘑菇、鲜笋、冬瓜是也；可荤不可素者，葱、韭、茴香、新蒜是也；可素不可荤者，芹菜、百合、刀豆是也。常见人置蟹粉于燕窝之中，放百合于鸡、猪之肉，毋乃④唐尧⑤与苏峻⑥对坐，不太悖乎？亦有交互见功者，炒荤菜，用素油，炒素菜，用荤油是也。

注释：

① 相女配夫：指衡量女儿的情况，选择合适的女婿。
②《记》：即《礼记》，儒家经典之一。相传为孔子弟子所作，西汉戴圣所编，共49篇。

③拟人必于其伦:同类的人或事物才能相比。
④毋乃:莫非,岂非。
⑤唐尧:即尧,传说中的古代帝王,传位于舜。
⑥苏峻:字子高(?—328),东晋长广挺县(今山东莱阳南)人。咸和二年(327),与祖约起兵反,次年兵败被杀。

独用须知

　　味太浓重者,只宜独用,不可搭配。如李赞皇①、张江陵②一流,须专用之,方尽其才。食物中,鳗也,鳖也,蟹也,鲥鱼③也,牛羊也,皆宜独食,不可加搭配。何也?此数物者,味甚厚,力量甚大,而流弊亦甚多,用五味调和,全力治之,方能取其长而去其弊。何暇舍其本题,别生枝节哉?金陵人好以海参配甲鱼,鱼翅配蟹粉,我见辄攒眉。觉甲鱼、蟹粉之味,海参、鱼翅分之而不足;海参、鱼翅之弊,甲鱼、蟹粉染之而有余。

注释:
①李赞皇:指李德裕,唐大臣,赵郡(治今河北赵县)人。任浙西观察使时,改革弊政,端正民俗。
②张江陵:明万历时期的内阁首辅张居正(1525—1582),字叔大,生于湖北江陵(今湖北荆州),故称张江陵。
③鲥鱼:体侧扁,背部黑绿色,腹部银白色。眼周围银白色带金光。肉鲜嫩,鳞下有丰富的脂肪,是名贵的食用鱼。

火候须知

　　熟物之法，最重火候。有须武火①者，煎炒是也，火弱则物疲矣。有须文火②者，煨③煮是也，火猛则物枯矣。有先用武火而后用文火者，收汤之物是也，性急则皮焦而里不熟矣。有愈煮愈嫩者，腰子、鸡蛋之类是也。有略煮即不嫩者，鲜鱼、蚶蛤之类是也。肉起迟则红色变黑，鱼起迟则活肉变死。屡开锅盖，则多沫而少香。火熄再烧，则走油④而味失。道人以丹成九转为仙⑤，儒家以无过、不及为中。司厨者，能知火候而谨伺之，则几于道矣。鱼临食时，色白如玉，凝而不散者，活肉也；色白如粉，不相胶粘者，死肉也。明明鲜鱼，而使之不鲜，可恨已极。

注释：
①武火：指烧菜煮饭时所用猛烈的火。与文火相对。
②文火：指烧菜煮饭时所用小而缓的火。
③煨（wēi）：用微火慢慢地煮。
④走油：指含油物渗出油脂。
⑤道人以丹成九转为仙：道家炼丹须经过多次提炼，才制成仙丹。

色臭须知

　　目与鼻，口之邻也，亦口之媒介也。嘉肴到目、到鼻，色臭①便有不同。或净若秋云，或艳如琥珀，其芬芳之气亦扑鼻而来，不必齿决②之、舌尝之，而后知其妙也。然求色不可用糖炒，求香不可用香料。一涉粉饰③便伤至味④。

注释：

①色臭（xiù）：色，颜色。臭，气味的总称。
②齿决：用牙咬断。决，咬，嚼。
③粉饰：涂饰表面，这里指用香料给食物增加香味。
④至味：最美好的滋味。

迟速须知

凡人请客，相约于三日之前，自有工夫平章①百味。若斗然②客至，急需便餐；作客在外，行船落店，此何能取东海之水，救南池之焚乎？必须预备一种急就章③之菜，如炒鸡片，炒肉丝，炒虾米豆腐及糟鱼、茶腿④之类，反能因速而见巧者，不可不知。

注释：

①平章：品评，这里指准备、处理。
②斗然：突然。
③急就章：指为了应付匆忙完成的作品或工作，这里指临时做成的菜肴。
④茶腿：火腿，一说是用茶叶熏过的火腿。

变换须知

一物有一物之味，不可混而同之。犹如圣人设教①，因才乐育，不拘一律，所谓君子成人之美也。今见俗厨，动以鸡、鸭、猪、鹅一汤同滚，遂令千手雷同，味同嚼蜡。吾恐鸡、猪、鹅、鸭有灵，必到枉死城②中告状矣。善治菜者，须多设锅、灶、盂、钵之类，使一物各献一性，一碗各成一味。嗜者舌本③应接不暇，自觉心花顿开。

注释：

①设教：实施教化。
②枉死城：出自清代淡痴所著《玉历宝钞》，指由于自杀、灾害、战乱、意外、被害等含冤身亡之人的鬼魂在阴间所居之处。
③舌本：舌根，舌头。

器具须知

　　古语云：美食不如美器。斯语是也。然宣、成、嘉、万①窑器②太贵，颇愁损伤，不如竟③用御窑④，已觉雅丽⑤。惟是宜碗者碗，宜盘者盘，宜大者大，宜小者小，参错⑥其间，方觉生色。若板板⑦于十碗八盘之说，便嫌笨俗。大抵物贵者器宜大，物贱者器宜小；煎炒宜盘，汤羹宜碗；煎炒宜铁锅，煨煮宜砂罐。

注释：

①宣、成、嘉、万：指明朝宣德、成化、嘉靖、万历四朝。
②窑器：陶瓷器。
③竟：全部。
④御窑：明清时期专制宫廷瓷器的机构。
⑤雅丽：高雅优美。
⑥参（cēn）错：参差交错。
⑦板板：呆板，固执，不知变通。

上菜须知

上菜之法，盐者宜先，淡者宜后；浓者宜先，薄者宜后；无汤者宜先，有汤者宜后。且天下原有五味，不可以咸之一味概①之。度客食饱，则脾困矣，须用辛辣以振动②之；虑客酒多，则胃疲矣，须用酸甘以提醒③之。

注释：
①概：概括。
②振动：刺激。
③提醒：提神醒酒。

时节须知

夏日长而热，宰杀太早，则肉败矣。冬日短而寒，烹饪稍迟，则物生矣。冬宜食牛羊，移之于夏，非其时也。夏宜食干腊①，移之于冬，非其时也。辅佐之物，夏宜用芥末，冬宜用胡椒。当三伏天而得冬腌菜，贱物也，而竟成至宝矣。当秋凉时而得行根笋②，亦贱物也，而视若珍馐③矣。有先时而见好者，三月食鲥鱼是也；有后时而见好者，四月食芋艿④是也。其他亦可类推。有过时而不可吃者，萝卜过时则心空，山笋过时则味苦，刀鲚⑤过时则骨硬。所谓四时之序，成功者退，精华已竭，褰裳⑥去之也。

注释：
①干腊：在冬天，尤其是腊月加工干制的各种肉类食品。
②行根笋：即边笋，也叫鞭笋，夏天竹的根都由土中旁伸而出，谓之行鞭；因其形如鞭，谓之鞭笋。

③珍馐（xiū）：珍贵的食物。
④芋艿：俗称芋头。单子叶植物，天南星科，多年生草本。叶卵形，叶柄长而肥大。花黄绿色。地下有肉质球茎，富含淀粉，可供食用。中国南方栽培较多。
⑤刀鲚（jì）：即刀鱼。体侧扁，后段更甚，尾部延长，银白色。头短小，眼小，口大，上颌骨向后伸达胸鳍基底。胸鳍上部有游离的丝状鳍条，尾鳍不对称，腹部有棱鳞。
⑥褰（qiān）裳：撩起衣裳。

多寡须知

用贵物宜多，用贱物宜少。煎炒之物多，则火力不透，肉亦不松。故用肉不得过半斤，用鸡、鱼不得过六两①。或问："食之不足如何？"曰："俟②食毕后另炒可也。"以多为贵者，白煮肉，非二十斤以外，则淡而无味。粥亦然，非斗米则汁浆不厚，且须扣水，水多物少，则味亦薄矣。

注释：
①六两：清代十六两为一斤，一斤相当于今天的596.82克，那么六两相当于今天的223.8075克。
②俟（sì）：等待。

洁净须知

切葱之刀，不可以切笋；捣椒之臼①，不可以捣粉。闻菜有抹布气者，由其布之不洁也；闻菜有砧板气者，由其板之不净也。"工欲善其事，必先利其器。"良厨先多磨刀，多换布，多刮板，多洗手，然后治菜。至于口吸之烟灰，头上之汗汁，灶上之蝇蚁，锅上之烟煤，一玷②入菜中，虽绝好烹庖，如西子蒙不洁，人皆掩鼻而过之矣。

注释：

①臼（jiù）：舂米的器具，用石头或木头制成，中间凹下。泛指捣物的臼状容器。

②玷：玷污，弄脏。

用纤须知

俗名豆粉①为纤者，即拉船用纤也，须顾名思义。因治肉者要作团而不能合，要作羹而不能腻，故用粉以牵合之。煎炒之时，虑肉贴锅，必至焦老，故用粉以护持②之。此纤义也。能解此义用纤，纤必恰当，否则乱用可笑，但觉一片糊涂。《汉制考》③齐呼曲麸为媒，媒即纤矣。

注释：

①豆粉：豆子经加工而成的粉状细末。

②护持：保护维持。

③《汉制考》：宋代王应麟著，四卷，作者根据汉唐学者的经注及字书材料，结合历史著作中的记载，考证了汉代的名物制度，仅举大端而细目简略，为随手抄录未成之书。

选用须知

选用之法：小炒肉用后臀①，做肉圆用前夹心②，煨肉用硬短勒③。炒鱼片用青鱼、季鱼④，做鱼松用鲩鱼⑤、鲤鱼。蒸鸡用雏鸡，煨鸡用骟鸡，取鸡汁用老鸡；鸡用雌才嫩，鸭用雄才肥。莼菜⑥用头，芹韭用根。皆一定⑦之理，余可类推。

注释：

①后臀：指猪后腿比较丰满的上部。
②前夹心：即猪前腿肉，质松软，皮薄易熟，肥瘦相间，适宜做肉丸或剁馅。
③硬短勒：猪肋条骨下的板状肉，又叫五花肉。
④季鱼：即鳜（guì）鱼。属鱼纲鲈科。体侧扁，背隆起，黄绿色，腹部灰白色，全身有不规则黑色斑点。大口，细鳞。生活在淡水中，是我国的特产，肉味鲜美。
⑤鲩（huàn）鱼：即草鱼。体略呈圆筒形，青黄色。生活在淡水中，是我国重要的养殖鱼之一。
⑥莼菜：又名水葵、马蹄草，江南常见水生野菜，嫩茎叶可食，为江南三大名菜之一。
⑦一定：规定的，确定的。

疑似须知

味要浓厚，不可油腻；味要清鲜①，不可淡薄。此疑似之间②，差之毫厘，失以千里③。浓厚者，取精多而糟粕去之谓也；若徒贪肥腻，不如专食猪油矣。清鲜者，真味出而俗尘无之谓也；若徒贪淡薄，则不如饮水矣。

注释：

①清鲜：清新鲜美。
②疑似之间：疑似，既像又不像。指不好掌握的事。

③差之毫厘，失以千里：形容极细小的差错会铸成大错。

补救须知

　　名手调羹，咸淡合宜，老嫩如式①，原无需补救。不得已为中人②说法，则调味者，宁淡毋咸；淡可加盐以救之，咸则不能使之再淡矣。烹鱼者，宁嫩毋老，嫩可加火候以补之，老则不能强之再嫩矣。此中消息③，于一切下作料时，静观火色，便可参详④。

注释：
①式：规格，标准。
②中人：常人，中等水平的人，这里指普通厨师。
③消息：关键，要点。
④参详：详细地观察、研究，意为了解、明白。

本分须知

　　满洲菜多烧煮，汉人菜多羹汤，童而习之，故擅长也。汉请满人，满请汉人，各用所长之菜，转觉入口新鲜，不失邯郸故步①。今人忘其本分，而要格外讨好，汉请满人用满菜，满请汉人用汉菜，反致依样葫芦，有名无实，画虎不成反类犬矣。秀才下场②，专作自己文字，务极其工③，自有遇合④；若逢一宗师而摹仿之，逢一主考而摹仿之，则掇皮无真⑤，终身不中矣。

注释：

①邯郸故步：即邯郸学步，出自《庄子·秋水》，比喻模仿不成，反把自己原有的东西忘记了。
②下场：科举时代考生进考场应试。
③工：工整，指做好文章。
④遇合：指相遇而彼此投合。
⑤掇（duō）皮无真：比喻只得肤浅的学识，而没有得到真才实学。

戒单

为政者兴一利，不如除一弊，能除饮食之弊则思过半矣①。作戒单。

注释：
①思过半矣：领悟了大部分。语出《周易·系辞下》："知者观其彖辞，则思过半矣。"

戒外加油

俗厨制菜，动①熬猪油一锅，临上菜时，勺取而分浇之，以为肥腻②。甚至燕窝至清之物，亦复受此玷污。而俗人不知，长吞大嚼，以为得油水入腹。故知前生是饿鬼投来。

注释：
①动：动辄，总是。
②肥腻：口感肥美滑嫩。

戒同锅熟

同锅熟之弊，已载前"变换须知"一条中。

戒耳餐

何谓耳餐？耳餐者，务名之谓也。贪贵物之名，夸敬客之意，是以耳餐，非口餐也。不知豆腐得味，远胜燕窝；海菜不佳，不如蔬笋。余尝谓鸡、猪、鱼、鸭，豪杰之士也，各有本味，自成一家；海参、燕窝，庸陋①之人也，全无性情②，寄人篱下。尝见某太守③宴客，大碗如缸，白煮燕窝四两，丝毫无味，人争夸之。余笑曰："我辈来吃燕窝，非来贩燕窝也。"可贩不可吃，虽多奚为？若徒夸体面，不如碗中竟放明珠百粒，则价值万金矣。其如吃不得何？

注释：
①庸陋：平庸浅陋。
②性情：个性，脾气。
③太守：战国置郡守，汉景帝时改太守，为一郡最高行政长官。明清时专指知府。

戒目食

何谓目食？目食者，贪多之谓也。今人慕"食前方丈"①之名，多盘叠碗，是以目食，非口食也。不知名手写字，多则必有败笔②；名人作诗，烦则必有累句③。极名厨之心力，一日之中，所作好菜不过四五味耳，尚难拿准，况拉杂④横陈乎？就使帮助多人，亦各有意见，全无纪律，愈多愈坏。余尝过一商家，上菜三撤席，点心十六道，共算食品将至四十余种。主人自觉欣欣得意，而我散席还家，仍煮粥充饥。可想见其席之丰而不洁矣。南朝孔琳之⑤曰："今人好用多品，适口之外，皆为悦目之资。"余以为肴馔横陈⑥，熏蒸⑦腥秽，目亦无可悦也。

注释：
①食前方丈：吃饭时面前一大块地方都摆满了食物，形容菜肴丰盛奢华。
②败笔：诗文或书画中有毛病的地方。

③累句：累赘的、多余的句子。
④拉杂：混杂，杂乱。
⑤孔琳之：字彦琳（369—423），晋代名士，会稽山阴（今浙江绍兴）人。
⑥横陈：横七竖八地摆放。
⑦熏蒸：气味升腾或散发。

戒穿凿

物有本性，不可穿凿①为之，自成小巧②，即如燕窝佳矣，何必捶以为团？海参可矣，何必熬之为酱？西瓜被切，略迟不鲜，竟有制以为糕者。苹果太熟，上口不脆，竟有蒸之以为脯③者。他如《尊生八笺》④之秋藤饼，李笠翁之玉兰糕，都是矫揉造作，以杞柳为杯棬⑤，全失大方。譬如庸德庸行，做到家便是圣人，何必索隐行怪⑥乎？

注释：
①穿凿：生拉硬扯，有牵强之意。
②小巧：精细巧妙。
③脯：肉干或果干。
④《尊生八笺》：即《遵生八笺》，明代高濂撰写的养生专著，含"清修妙论笺""四时调摄笺"等八笺，内容广博又切实。
⑤以杞柳为杯棬（quān）：杞柳，枝条细长柔韧，可编织篮筐等器物。杯棬，古代一种木质的饮器。语出《孟子·告子上》："性，犹杞柳也；义，犹杯棬也。以人性为仁义，犹以杞柳为杯棬。"比喻事物被扭曲成他物，失去了本性。
⑥索隐行怪：为求索隐暗之事，而行怪迂之道。意指身居隐逸的地方，行为怪异，以求名声。

戒停顿

物味取鲜,全在起锅时,极锋而试①,略为停顿,便如霉过衣裳,虽锦绣绮罗②,亦晦闷而旧气可憎矣。尝见性急主人,每摆菜,必一齐搬出。于是厨人将一席之菜,都放蒸笼中,候主人催取,通行齐上。此中尚得有佳味哉?在善烹饪者,一盘一碗,费尽心思;在吃者,卤莽暴戾,囫囵吞下,真所谓得哀家梨③,仍复蒸食者矣。余到粤东,食杨兰坡明府④鳝羹而美,访其故,曰:"不过现杀现烹、现熟现吃,不停顿而已。"他物皆可类推。

注释:

①极锋而试:趁刀剑锋利的时候用,比喻趁有利的时机行动。

②绮罗:泛指华贵的丝织品或丝绸衣服。

③哀家梨:相传汉代秣陵人哀仲所种之梨果大而味美,当时人称"哀家梨"。

④明府:清代时知府的尊称。

戒暴殄

暴者不恤人功,殄者不惜物力。鸡、鱼、鹅、鸭自首至尾,俱有味存,不必少取多弃也。尝见烹甲鱼者,专取其裙①而不知味在肉中;蒸鲥鱼者,专取其肚而不知鲜在背上。至贱莫如腌蛋,其佳处虽在黄不在白,然全去其白而专取其黄,则食者亦觉索然矣。且予为此言,并非俗人惜福之谓,假使暴殄②而有益于饮食,犹之可也;暴殄而反累于饮食,又何苦为之?至于烈炭以炙活鹅之掌,剸刀③以取生鸡之肝,皆君子所不为也。何也？物为人用，使之死，可也；使之求死不得，不可也。

注释：
①裙：甲鱼背甲边缘的肉质软边。
②暴殄（tiǎn）：残害灭绝，指任意浪费、糟蹋。
③剸（tuán）刀：宰杀动物的尖刀。剸，割断，截断。

戒纵酒

事之是非，惟醒人能知之；味之美恶，亦惟醒人能知之。伊尹①曰："味之精微，口不能言也。"口且不能言，岂有呼呶②酗酒之人，能知味者乎？往往见拇战③之徒，啖佳菜如啖木屑，心不存焉。所谓惟酒是务，焉知其余，而治味之道扫地矣。万不得已，先于正席尝菜之味，后于撤席逞酒之能，庶乎其两可也。

注释：
①伊尹：商汤时期著名政治家、军事家、思想家，因厨艺高超，被尊为"中华厨祖"。
②呼呶（náo）：大声喧闹。
③拇战：指猜拳。

戒火锅

冬日宴客，惯用火锅，对客喧腾①，已属可厌；且各菜之味，有一定火候，宜文宜武，宜撤宜添，瞬息难差。今一例②

以火逼之，其味尚可问哉？近人用烧酒代炭，以为得计，而不知物经多滚总能变味。或问："菜冷奈何？"曰："以起锅滚热之菜，不使客登时③食尽，而尚能留之以至于冷，则其味之恶劣可知矣。"

注释：
①喧腾：指火锅沸腾时发出响声和汤水翻滚的样子。
②一例：一律。
③登时：马上，立刻。

戒强让

治具宴客①，礼也。然一肴既上，理宜凭客举箸，精肥整碎，各有所好，听从客便，方是道理，何必强勉让之？常见主人以箸夹取，堆置客前，污盘没碗，令人生厌。须知客非无手无目之人，又非儿童、新妇②，怕羞忍饿，何必以村妪小家子③之见解待之？其慢客也至矣！近日倡家④，尤多此种恶习，以箸取菜，硬入人口，有类强奸，殊为可恶。长安有甚好请客而菜不佳者，一客问曰："我与君算相好乎？"主人曰："相好！"客跽⑤而请曰："果然相好，我有所求，必允许而后起。"主人惊问："何求？"曰："此后君家宴客，求免见招。"合坐⑥为之大笑。

注释：
①治具宴客：安排餐具，备办酒食。
②新妇：新娘子。

③小家子：小户人家。
④倡家：原指从事唱歌跳舞的乐人，后多指妓女或歌伎。
⑤跽（jì）：长跪，挺直上身，两膝着地。
⑥合坐：即合座，在座所有的人。

戒走油①

凡鱼、肉、鸡、鸭，虽极肥之物，总要使其油在肉中，不落汤中，其味方存而不散。若肉中之油，半落汤中，则汤中之味反在肉外矣。推原②其病有三：一误于火太猛，滚急水干，重番加水；一误于火势忽停，既断复续；一病在于太要相度③，屡起锅盖，则油必走。

注释：
①走油：指肉中脂肪流失。
②推原：从根本上推测探究。
③太要相度：急于观察锅内食物烹制的情况。

戒落套

唐诗最佳，而五言八韵之试帖①，名家不选，何也？以其落套②故也。诗尚如此，食亦宜然。今官场之菜，名号有十六碟、八簋③、四点心之称，有满汉席之称，有八小吃之称，有十大菜之称，种种俗名，皆恶厨陋习。只可用之于新亲④上门，上司入境，以此敷衍；配上椅披桌裙，插屏⑤香案，三揖百拜方称。若家居欢宴，文酒⑥开筵，安可用此恶套哉？必须盘碗参差，整散杂进，方有名贵之气象。余家寿筵婚席，动至五六桌者，传唤外厨，亦不免落套；然训练之卒，范我驰驱⑦者，其味亦终竟不同。

注释：

① 试帖：唐代考明经科所用之法，帖为试卷，卷上抄录一段经文，纸覆在上面，中开一行，显露字句，考试者即据以补上下文。
② 落套：落入俗套。
③ 簋（guǐ）：古代盛放煮熟饭食的器皿，圆口，双耳，也用作礼器。
④ 新亲：旧俗结婚时男女双方家属的互称，有的只指新娘家来的人。
⑤ 插屏：几案上的一种摆设。于镜框中插入图画或瓷版画等，下有座架。
⑥ 文酒：饮酒赋诗。
⑦ 范我驰驱：出自《孟子·滕文公下》。范，用作动词，使……规范；驰驱，奔走效力。这里有行事、行动之意。

戒混浊

混浊者，并非浓厚之谓。同一汤也，望去非黑非白，如缸中搅浑之水。同一卤也，食之不清不腻，如染缸倒出之浆。此种色味令人难耐。救之之法，总在洗净本身，善加作料，伺察水火，体验酸咸，不使食者舌上有隔皮隔膜之嫌。庚子山①论文云："索索无真气，昏昏有俗心。"②是即混浊之谓也。

注释：

① 庚子山：北周文学家庾信（513—581），字子山，南阳郡新野县（今河南南阳）人，有《庾子山集》传世。
② 索索无真气，昏昏有俗心：索索，冷漠、无生气的样子；昏昏，糊涂、迷乱的样子。语出庾信所作《拟咏怀诗·其一》，比喻人缺乏真实的精神状态，而被世俗的欲望和追求困扰。

戒苟且

凡事不宜苟且，而于饮食尤甚。厨者，皆小人①下材②，一日不加赏罚，则一日必生怠玩③。火齐④未到而姑且下咽，则明日之菜必更加生。真味已失而含忍⑤不言，则下次之羹必加草率，且又不止。空赏空罚而已也。其佳者，必指示其所以能佳之由；其劣者，必寻求其所以致劣之故。咸淡必适其中，不可丝毫加减，久暂必得其当，不可任意登盘。厨者偷安，吃者随便，皆饮食之大弊。审问、慎思、明辨，为学之方也；随时指点，教学相长，作师之道也。于味何独不然？

注释：

①小人：古时对地位低下的人的鄙称。

②下材：即下才，才能低劣的人。

③怠玩：指玩忽职守。

④火齐：火候。

⑤含忍：容忍。

海鲜单

古八珍①并无海鲜之说，今世俗尚②之，不得不吾从众。作海鲜单。

注释：

①八珍：《周礼·天官·膳夫》所记载的"八珍"即淳熬、淳母、炮豚、炮牂（zāng）、捣珍、渍、熬、肝膋（liáo），后泛指珍馐美味。
②尚：崇尚，时兴。

燕窝

燕窝①贵物，原不轻用。如用之，每碗必须二两，先用天泉②滚水泡之，将银针挑去黑丝。用嫩鸡汤、好火腿汤、新蘑菇三样汤滚之，看燕窝变成玉色为度。此物至清，不可以油腻杂之；此物至文③，不可以武物④串之⑤。今人用肉丝、鸡丝杂之，是吃鸡丝、肉丝，非吃燕窝也。且徒务其名，往往以三钱生燕窝盖碗面，如白发数茎，使客一撩不见，空剩粗物满碗。真乞儿卖富，反露贫相。不得已，则蘑菇丝、笋尖丝、鲫鱼肚、野鸡嫩片，尚可用也。余到粤东，杨明府冬瓜燕窝甚佳，以柔配柔，以清入清，重用鸡汁、蘑菇汁而已，燕窝皆作玉色，不纯白也。或打作团，或敲成面，俱属穿凿。

注释：

①燕窝：部分雨燕或金丝燕以分泌出的唾液结合其他物质所筑成的巢穴。
②天泉：古人一般将雨水、露水、雪水视为天泉水，认为其"体轻味淡，煮粥不稠"。
③文：意为柔软。
④武物：质硬带骨的原材料。
⑤串之：指因多种食材混在一起而产生了特殊气味。

海参三法

海参①无味之物，沙多气腥，最难讨好。然天性浓重，断不可以清汤煨也。须检小刺参，先泡去沙泥，用肉汤滚泡三次，然后以鸡、肉两汁红煨极烂。辅佐则用香蕈②、木耳，以其色黑相似也。大抵明日请客，则先一日要煨，海参才烂。常见钱观察③家夏日用芥末、鸡汁拌冷海参丝，甚佳。或切小碎丁，用笋丁、香蕈丁入鸡汤煨作羹。蒋侍郎④家用豆腐皮、鸡腿、蘑菇煨海参，亦佳。

注释：

①海参：棘皮动物门海参纲，身体略呈圆柱状，体壁多肌肉，口和肛门在两端，口的周围有触手。种类很多，生活在海底，吃各种藻类和小动物。

②香蕈（xùn）：香菇。

③观察：清代时为道员的雅称，是省以下、府以上的地方长官，有督粮道、盐法道等，各司其职。

④侍郎：创建于汉代。至清雍正时，递升至正二品，与尚书同为各部的长官，尚书为正，侍郎为副。

鱼翅二法

鱼翅①难烂，须煮两日，才能摧刚为柔。用有二法：一用好火腿、好鸡汤，加鲜笋、冰糖钱许煨烂，此一法也；一纯用鸡汤串细萝卜丝，拆碎鳞翅，搀和其中，飘浮碗面，令食者不能辨其为萝卜丝、为鱼翅，此又一法也。用火腿者，汤宜少；

用萝卜丝者，汤宜多，总以融洽柔腻为佳。若海参触鼻，鱼翅跳盘②，便成笑话。吴道士家做鱼翅，不用下鳞③，单用上半厚根，亦有风味。萝卜丝须出水三次，其臭才去。常在郭耕礼家吃鱼翅炒菜，妙绝！惜未传其方法。

注释：

①鱼翅：一种名贵海味，是由加工鲨鱼的鳍而得到的软骨条。

②海参触鼻，鱼翅跳盘：指海参、鱼翅等海产品因未泡发至透而难以煨烂，客人在品尝时，海参会因为过硬而容易触及鼻尖，鱼翅发直，用筷子夹时容易滑落盘外。

③下鳞：鱼翅的下半段。

鳆鱼

鳆鱼①炒薄片甚佳。杨中丞②家削片入鸡汤豆腐中，号称"鳆鱼豆腐"，上加陈糟油③浇之。庄太守用大块鳆鱼煨整鸭，亦别有风趣。但其性坚，终不能齿决，火煨三日，才拆得碎。

注释：

①鳆鱼：即鲍鱼。软体动物，贝壳椭圆形，生活在海中，肉可食。贝壳可入药，称石决明。

②中丞：明清时期，中丞乃为巡抚的尊称。

③陈糟油：从陈年酒糟中提取香气浓郁的糟汁，再配入辛香调味汁，精制而成。

淡菜

淡菜①煨肉加汤,颇鲜,取肉去心,酒炒亦可。

注释:
①淡菜:贻贝的肉经烧煮暴晒而成的干制食品。

海蝘

海蝘①,宁波小鱼也,味同虾米,以之蒸蛋甚佳,作小菜亦可。

注释:
①海蝘(yǎn):又称海蜒。产于福建、浙江、山东等地,味似虾米。

乌鱼蛋

乌鱼蛋①最鲜,最难服事②。须河水滚透,撒沙去臊,再加鸡汤、蘑菇煨烂。龚云若司马③家制之最精。

注释:
①乌鱼蛋:即乌鱼之卵,味道鲜美。
②服事:处理,调制。
③司马:掌管军政和军赋的官员。

江瑶柱

江瑶柱①出宁波,治法与蚶②、蛏③同。其鲜脆在柱,故剖壳时多弃少取。

注释:

①江瑶柱：又叫干贝、带子。一种名贵海味，是江珧后闭壳肌的干制食品。江珧的贝壳大而薄，前尖后广，呈楔形，颜色淡褐到黑褐，足丝发状，很发达，它以壳的尖端直立插入泥沙中生活，以足丝固定在海底。主要分布在热带和亚热带沿海地区，我国广东、福建沿海产量最多。
②蚶（hān）：软体动物，贝壳厚而坚实。肉可食，味鲜美。亦称"魁蛤"，俗称"瓦垄子""瓦楞子"。
③蛏（chēng）：软体动物，贝壳长方形，淡褐色，肉可食，味鲜美。

蛎黄

蛎黄①生石子上，壳与石子胶粘不分。剥肉作羹，与蚶、蛤②相似。一名鬼眼，乐清③、奉化④两县土产，别地所无。

注释:

①蛎黄：即牡蛎，又叫蚝、海蛎子。软体动物，属双壳纲牡蛎科，壳形不规则，一个壳大而凹陷，附着在岩石或其他物体上；一个壳小而平，覆盖在肉上面。其肉味鲜美，可供食用或加工成蚝油。中国南北沿海均有分布。
②蛤（gé）：一般指蛤蜊，软体动物，壳卵圆形，淡褐色，稍有轮纹，内白色，肉可食。
③乐清：晋孝武宁康二年（374）置乐成县，五代后梁开平二年（908）改县名为乐清，属温州。1993年撤县立市。
④奉化：唐开元二十六年（738）置奉化县，属明州。1988年撤县立市。2016年改设宁波市奉化区。

江鲜单

郭璞①《江赋》鱼族甚繁，今择其常有者治之，作江鲜单。

注释：

①郭璞：字景纯，河东郡闻喜县（今山西闻喜）人。东晋文学家、训诂学家，好经术，擅词赋。

刀鱼二法

刀鱼用蜜酒酿、清酱放盘中，如鲥鱼法蒸之最佳，不必加水。如嫌刺多，则将极快刀刮取鱼片，用钳抽去其刺。用火腿汤、鸡汤、笋汤煨之，鲜妙绝伦。金陵人畏其多刺，竟油炙极枯，然后煎之。谚曰："驼背夹直，其人不活。"①此之谓也。或用快刀将鱼背斜切之，使碎骨尽断，再下锅煎黄，加作料，临食时，竟不知有骨，芜湖陶大太②法也。

注释：

①驼背夹直，其人不活：把驼背之人的脊骨夹直，人也被夹死了。意思是做事不能违背事物的本性和特点，否则只会适得其反。
②陶大太：乾隆年间芜湖名厨，创制烹刀鱼之法。

鲥鱼

鲥鱼用蜜酒①蒸食，如治刀鱼之法便佳。或竟用油煎，加清酱、酒酿亦佳。万不可切成碎块加鸡汤煮，或去其背，专取肚皮，则真味全失矣。

注释：

①蜜酒：用蜂蜜酿造的酒。也泛指甜酒。

鲟鱼

尹文端公①自夸治鲟鳇②最佳，然煨之太熟，颇嫌重浊。惟在苏州唐氏，吃炒鳇鱼片甚佳。其法：切片油炮③，加酒、秋油滚三十次，下水再滚起锅，加作料，重用瓜、姜、葱花。又一法，将鱼白水煮十滚，去大骨；肉切小方块，取明骨④切小方块；鸡汤去沫，先煨明骨八分熟，下酒、秋油，再下鱼肉，煨二分烂起锅，加葱、椒、韭，重用姜汁一大杯。

注释：

①尹文端公：即清代官吏尹继善，字元长，号望山，谥号文端。雍正朝进士，曾任巡抚、总督等职，著有《尹文端公诗集》。
②鲟鳇：体形相似的两种鱼，同属鲟科，所以人们常将两者并称。
③油炮（bāo）：以热油爆炒鱼肉等食物的一种烹调方法。
④明骨：指鲟鱼头部及脊背间的软骨，俗称脆骨。

黄鱼

黄鱼①切小块，酱酒郁②一个时辰，沥干；入锅爆炒，两面黄，加金华豆豉一茶杯、甜酒一碗、秋油一小杯，同滚。候卤干色红，加糖，加瓜、姜收起，有沉浸浓郁之妙。又一法，将黄鱼拆碎，入鸡汤作羹，微用甜酱水、纤粉收起之，亦佳。大抵黄鱼亦系浓厚之物，不可以清治之也。

注释：

①黄鱼：身体侧扁，尾巴狭窄，头大，侧线以下有分泌黄色物质的腺体。生活在海中，也叫黄花鱼。

②郁：通"燠"，密封浸泡。

班鱼

班鱼①最嫩，剥皮去秽，分肝、肉二种，以鸡汤煨之，下酒三分、水二分、秋油一分；起锅时加姜汁一大碗、葱数茎，杀去腥气。

注释：

①班鱼：即斑鱼，背青色，有苍黑斑纹，无毒。斑鱼形似河豚，却与河豚不同。斑鱼身长不过三寸，中秋前后最肥美，桂花开时斑鱼群游于太湖木渎一带，花谢则无影；河豚浮游于长江，清明前后出现。

假蟹①

煮黄鱼二条，取肉去骨，加生盐蛋四个，调碎，不拌入鱼肉；起油锅炮，下鸡汤滚，将盐蛋搅匀，加香蕈、葱、姜汁、酒，吃时酌用醋。

注释：

①假蟹：这里指用烹制螃蟹的方法烹制的黄鱼。因为黄鱼具有类似螃蟹的鲜味，故称假蟹。

特牲单

猪用最多，可称"广大教主"①。宜古人有特豚②馈食③之礼。作特牲单。

注释：

①广大教主：因以猪肉为原料的菜肴较多，故称其为食材中的首领。
②特豚：古代祭祀时须用整牛或整羊，其被称为特牲，这里指整猪。
③馈（kuì）食：献熟食。古代的天子诸侯每月朔朝庙的一种祭礼。

猪头二法

洗净五斤重者，用甜酒三斤；七八斤者，用甜酒五斤。先将猪头下锅同酒煮，下葱三十根、八角①三钱，煮二百余滚，下秋油一大杯、糖一两，候熟，后尝咸淡，再将秋油加减。添开水要漫过猪头一寸，上压重物，大火烧一炷香；退出大火，用文火细煨收干，以腻为度；烂后即开锅盖，迟则走油。一法，打木桶一个，中用铜帘隔开，将猪头洗净，加作料，焖②入桶中，用文火隔汤蒸之，猪头熟烂，而其腻垢悉从桶外流出亦妙。

注释：

①八角：属常绿灌木，初夏开花，果实为8—9个木菁荚（gū tū），呈星芒状，香气浓烈。可作香料、作料。
②焖：同"焖"，盖紧锅盖，用微火把饭菜煮熟。

猪蹄四法

蹄膀①一只，不用爪，白水煮烂，去汤，好酒一斤，清酱酒杯半，陈皮一钱，红枣四五个，煨烂。起锅时，用葱、椒、酒泼入，去陈皮、红枣，此一法也。又一法：先用虾米煎汤代水，加酒、秋油煨之。又一法：用蹄膀一只，先煮熟，用素油灼皱其皮，再加作料红煨。有士人②好先掇③食其皮，号称"揭单被"。又一法：用蹄膀一个，两钵合之，加酒，加秋油，隔水蒸之，以二枝香为度，号"神仙肉"。钱观察家制最精。

注释：

①蹄膀：即蹄髈，也叫肘子。
②士人：士大夫，儒生。
③掇（duō）：拾取；摘取。

猪爪、猪筋

专取猪爪，剔去大骨，用鸡肉汤清煨之。筋味与爪相同，可以搭配。有好腿爪，亦可搀入。

猪肚二法

将肚①洗精，取极厚处，去上下皮，单用中心，切骰子②块，滚油炮炒，加作料起锅，以极脆为佳，此北人法也。南人白水加酒，煨两枝香，以极烂为度，蘸清盐食之，亦可；或加鸡汤作料，煨烂熏切，亦佳。

注释：

①肚（dǔ）：用作食品的动物的胃。
②骰（tóu）子：赌具，也用作占卜、行酒令或游戏。多以骨、木制成，为

小正方块，六面分刻一、二、三、四、五、六，一、四涂红色，其余涂黑色。掷之以所见点数或颜色分胜负，故又称投子、色子。相传为曹植创制。

猪肺二法

洗肺最难，以洌①尽肺管血水，剔去包衣为第一着。敲之仆②之，挂之倒之，抽管割膜，工夫最细。用酒水滚一日一夜，肺缩小如一片白芙蓉，浮于汤面，再加作料，上口③如泥。汤西厓④少宰⑤宴客，每碗四片，已用四肺矣。近人无此工夫，只得将肺拆碎，入鸡汤煨烂亦佳。得野鸡汤更妙，以清配清故也。用好火腿煨亦可。

注释：
①洌（liè）：清澄，这里是"沥"的意思。
②仆：同"扑"，敲打。
③上口：吃进嘴里。
④汤西厓：汤右曾，字西厓，康熙年间进士，官至吏部侍郎。
⑤少宰：明清时期吏部侍郎的别称。

猪腰

腰①片炒枯则木，炒嫩则令人生疑；不如煨烂，蘸椒盐②食之为佳。或加作料亦可。只宜手摘，不宜刀切。但须一日工夫，才得如泥耳。此物只宜独用，断不可搀入别菜中，最能夺味而惹腥。煨三刻③则老，煨一日则嫩。

注释：

①腰：肾脏。

②椒盐：把焙过的花椒和盐轧碎制成的调味品。

③三刻：清代时，一昼夜为96刻，3刻相当于现在的45分。

猪里肉

猪里肉①精而且嫩，人多不食。尝在扬州谢蕴山太守席上，食而甘之。云以里肉切片，用纤粉团成小把，入虾汤中，加香蕈、紫菜清煨，一熟便起。

注释：

①猪里肉：即猪里脊肉。指猪脊椎骨内侧的条状嫩肉。

白片肉

须自养之猪，宰后入锅，煮到八分熟，泡在汤中，一个时辰①取起。将猪身上行动之处，薄片上桌，不冷不热，以温为度。此是北人擅长之菜。南人效之，终不能佳。且零星市脯②，亦难用也。寒士③请客，宁用燕窝，不用白片肉，以非多不可故也。割法须用小快刀片之，以肥瘦相参，横斜碎杂为佳，与圣人"割不正不食"④一语截然相反。其猪身肉之名目甚多，满洲"跳神肉"⑤最妙。

注释：

①时辰：旧时计时的单位。把一昼夜平分为十二段，每段叫作一个时辰，合现在的两小时。十二个时辰分别以地支为名称，从半夜起算，半夜

十一点到一点是子时,中午十一点到一点是午时。

②市脯:买来的肉食品。

③寒士:多指贫苦的读书人。

④割不正不食:指肉切得不方正不吃。出自《论语·乡党》。

⑤跳神肉:跳神是旧时满洲大礼;祭祀时人们将猪自首至尾分别白煮,待祭祀完毕,众人席地而坐,以刀割肉自食,此为跳神肉。

红煨肉三法

或用甜酱,或用秋油,或竟不用秋油、甜酱,每肉一斤,用盐三钱,纯酒煨之,亦有用水者,但须熬干水气。三种治法皆红如琥珀,不可加糖炒色。早起锅则黄,当可则红,过迟则红色变紫,而精肉转硬。常起锅盖则油走,而味都在油中矣。大抵割肉虽方,以烂到不见锋棱,上口而精肉俱化为妙,全以火候为主。谚云:"紧火粥,慢火肉。"至哉言乎!

白煨肉

每肉一斤,用白水煮八分好,起出去汤;用酒半斤,盐二钱半,煨一个时辰。用原汤一半加入,滚干汤腻为度,再加葱、椒、木耳、韭菜之类,火先武后文。又一法:每肉一斤,用糖一钱,酒半斤,水一斤,清酱半茶杯;先放酒滚肉一二十次,加茴香①一钱,放水焖烂,亦佳。

注释:

①茴香:多年生草本植物。叶子分裂呈丝状,夏天开花,黄色。果实长椭圆形,可以做调味香料。果实可榨油,茎和叶子嫩时可食。

油灼肉

硬短勒切方块，去筋襻①，酒酱郁过，入滚油中炮炙②之，使肥者不腻，精者肉松。将起锅时，加葱、蒜，微加醋喷之。

注释：

①筋襻（pàn）：即筋膜，瘦肉或骨头上的白色条状物。
②炮炙（zhì）：原指用火焙烤中药材的加工方法，这里指把肉放在滚油中煎炸。

干锅蒸肉

用小磁钵①，将肉切方块，加甜酒、秋油，装大钵内封口，放锅内，下用文火干蒸之。以两枝香为度，不用水。秋油与酒之多寡，相肉而行，以盖满肉面为度。

注释：

①小磁钵：即小瓷钵。

盖碗装肉

放手炉①上，法与前同。

注释：

①手炉：冬天暖手用的小炉，多为铜制。

磁坛装肉

放砻糠①中慢煨，法与前同，总须封口。

注释：

①砻（lóng）糠：稻谷经过砻磨脱下的壳。砻，磨谷去壳的工具。

脱沙肉

去皮切碎，每一斤用鸡子①三个，青黄俱用，调和拌肉；再斩碎，入秋油半酒杯，葱末拌匀；用网油②一张裹之，外再用菜油四两，煎两面，起出去油；用好酒一茶杯、清酱半酒杯，闷透，提起切片。肉之面上，加韭菜、香蕈、笋丁。

注释：

①鸡子：鸡蛋。
②网油：即猪网油，猪的肠系膜、大网膜上堆积的脂肪，呈网状。

晒干肉

切薄片精肉，晒烈日中，以干为度。用陈大头菜①，夹片干炒。

注释：

①大头菜：二年生草本植物，芥菜的变种，根部肥大，有辣味，花黄色，块根和嫩叶供食用。也指这种植物的块根及其制成品。

火腿煨肉

火腿切方块,冷水滚三次,去汤沥干。将肉切方块,冷水滚二次,去汤沥干。放清水煨,加酒四两、葱、椒、笋、香蕈。

台鲞煨肉

法与火腿煨肉同。鲞易烂,须先煨肉至八分,再加鲞,凉之则号"鲞冻"。绍兴人菜也。鲞不佳者,不必用。

粉蒸肉

用精肥参半之肉,炒米粉黄色,拌面酱蒸之,下用白菜作垫,熟时不但肉美,菜亦美。以不见水,故味独全。江西人菜也。

熏煨肉

先用秋油、酒将肉煨好,带汁上木屑略熏之,不可太久,使干湿参半,香嫩异常。吴小谷广文[1]家制之精极。

注释:
①广文:广文先生的简称。泛指清苦闲散的儒学教官。

芙蓉肉

精肉一斤,切片,清酱拖过,风干一个时辰。用大虾肉四十个,猪油二两,切骰子大,将虾肉放在猪肉上,一只虾,一块肉,敲扁,将滚水煮熟撩起。熬菜油半斤,将肉片放在有眼铜勺内,将滚油灌熟①。再用秋油半酒杯,酒一杯,鸡汤一茶杯,熬滚,浇肉片上,加蒸粉、葱、椒,糁②上起锅。

注释:

①灌熟:把热油反复浇浸在食物上,直到食物变熟为止。
②糁(sǎn):撒上。

荔枝肉

用肉切大骨牌①片,放白水煮二三十滚,撩起;熬菜油半斤,将肉放入炮透,撩起;用冷水一激,肉皱,撩起;放入锅内,用酒半斤,清酱一小杯,水半斤,煮烂。

注释:

①骨牌:娱乐用具,每副三十二张,用骨、象牙、竹子或乌木制成,上面刻着以不同方式排列的从两个到十二个点子。

八宝肉

用肉一斤,精肥各半,白煮一二十滚,切柳叶片。小淡菜二两,鹰爪①二两,香蕈一两,花海蜇②二两,胡桃肉四个,去皮笋片四两,好火腿二两,麻油一两。将肉入锅,秋油、酒煨至五分熟,再加余物,海蜇下在最后。

注释：

①鹰爪：嫩茶，因其状如鹰爪，故名。
②花海蜇：即海蜇头。

菜花头煨肉

用台心菜嫩蕊，微腌晒干用之。

炒肉丝

切细丝，去筋襻、皮、骨，用清酱、酒郁片时；用菜油熬起白烟变青烟后，下肉炒匀，不停手；加蒸粉、醋一滴、糖一撮、葱白、韭、蒜之类，只炒半斤，大火不用水。又一法：用油泡后，用酱水加酒略煨，起锅红色，加韭菜尤香。

炒肉片

将肉精肥各半切成薄片，清酱拌之。入锅油炒，闻响即加酱水、葱、瓜、冬笋、韭芽，起锅火要猛烈。

八宝肉圆

猪肉精肥各半，斩成细酱，用松仁、香蕈、笋尖、荸荠、瓜、姜之类斩成细酱，加纤粉和捏成团，放入盘中，加甜酒、秋油蒸之，入口松脆。家致华云："肉圆宜切不宜斩。"必别有所见。

空心肉圆

将肉捶碎郁过,用冻猪油一小团作馅子,放在团内蒸之,则油流去而团子空心矣。此法镇江人最善。

锅烧肉

煮熟不去皮,放麻油灼过,切块加盐,或蘸清酱亦可。

酱肉

先微腌,用面酱酱之。或单用秋油拌郁风干。

糟肉

先微腌,再加米糟。

暴腌肉

微盐擦揉,三日内即用。以上三味,皆冬月菜也,春夏不宜。

尹文端公家风肉

杀猪一口，斩成八块，每块炒盐四钱，细细揉擦，使之无微不到。然后高挂有风无日处。偶有虫蚀，以香油涂之。夏日取用，先放水中泡一宵，再煮，水亦不可太多太少，以盖肉面为度。削片时，用快刀横切，不可顺肉丝而斩也。此物惟尹府至精，常以进贡。今徐州风肉不及，亦不知何故。

家乡肉

杭州家乡肉①，好丑不同，有上中下三等。大概淡而能鲜，精肉可横咬者为上品，放久即是好火腿。

注释：

①家乡肉：一种腌制的肉，因作者袁枚是浙江杭州人，故有此称。家乡肉有南北之分，长江以北产于太兴、南通等地，称为北肉；长江以南产于江浙两省，称为南肉，以金华所产为最佳。

笋煨火肉

冬笋切方块，火肉①切方块，同煨。火腿撤去盐水两遍，再入冰糖煨烂。席武山别驾②云："凡火肉煮好后，若留作次日吃者，须留原汤，待次日将火肉投入汤中滚热才好；若干放离汤，则风燥而肉枯，用白水则又味淡。"

注释：

①火肉：即火腿肉。
②别驾：即别驾从事史，汉代设置，为州刺史的佐吏。清代时为通判之

习称。

烧小猪

小猪一个,六七斤重者,钳毛去秽,叉上炭火炙之。要四面齐到,以深黄色为度。皮上慢慢以奶酥油涂之,屡涂屡炙。食时酥为上,脆次之,硬斯下矣。旗人有单用酒、秋油蒸者,亦佳。吾家龙文弟,颇得其法。

烧猪肉

凡烧猪肉,须耐性。先炙里面肉,使油膏走入皮内,则皮松脆而味不走。若先炙皮,则肉上之油尽落火上,皮既焦硬,味亦不佳,烧小猪亦然。

排骨

取勒条排骨精肥各半者,抽去当中直骨,以葱代之,炙用醋、酱频频刷上,不可太枯。

罗蓑肉

以作鸡松法作之。存盖面之皮,将皮下精肉斩成碎团,加作料烹熟。聂厨能之。

端州三种肉

一罗蓑肉。一锅烧白肉,不加作料,以芝麻、盐拌之。切片煨好,以清酱拌之。三种俱宜于家常。端州①聂、李二厨所作,特令杨二学之。

注释:

①端州:隋开皇九年(589)置。1988年,撤销肇庆地区,设立肇庆市,原肇庆市改端州区,属肇庆市。

杨公圆

杨明府作肉圆,大如茶杯,细腻绝伦。汤尤鲜洁①,入口如酥②。大概去筋去节,斩之极细,肥瘦各半,用纤合匀。

注释:

①鲜洁:鲜美洁净。
②酥:这里指酥油,是用牛羊乳制成的食品,类似黄油。

黄芽菜煨火腿

用好火腿削下外皮,去油存肉。先用鸡汤将皮煨酥,再将肉煨酥,放黄芽菜①心,连根切段,约二寸许长,加蜜酒酿及水,连煨半日。上口甘鲜,肉菜俱化,而菜根及菜心丝毫不散,汤亦美极。朝天宫道士法也。

注释:

①黄芽菜:即结球白菜,亦称"大白菜",是中国北方的主要蔬菜。

蜜火腿

取好火腿，连皮切大方块，用蜜酒煨极烂，最佳。但火腿好丑、高低，判若天渊。虽出金华、兰溪①、义乌三处，而有名无实者多。其不佳者，反不如腌肉矣。惟杭州忠清里王三房家四钱一斤者佳。余在尹文端公苏州公馆吃过一次，其香隔户便至，甘鲜异常，此后不能再遇此尤物②矣。

注释：

① 兰溪：唐咸亨五年（674）置兰溪县，属婺州。元贞元年（1295）改兰溪州，明洪武三年（1370）复改兰溪县。1985年，设立县级兰溪市。

② 尤物：常指美貌女子，也指优异突出的事物。

杂牲单

牛、羊、鹿三牲，非南人家常时有之物，然制法不可不知。作杂牲单。

牛肉

买牛肉法，先下各铺定钱，凑取腿筋夹肉处，不精不肥。然后带回家中，剔去皮膜，用三分酒、二分水清煨，极烂；再加秋油收汤。此太牢①独味，孤行者也，不可加别物配搭。

注释：

①太牢：古代帝王祭祀时，牛、羊、猪三牲全备，为太牢；后专指牛。

牛舌

牛舌最佳。去皮、撕膜、切片，入肉中同煨。亦有冬腌风干者，隔年食之，极似好火腿。

羊头

羊头毛要去净，如去不净，用火烧之。洗净切开，煮烂去骨。其口内老皮俱要去净。将眼睛切成二块，去黑皮，眼珠不用。切成碎丁，取老肥母鸡汤煮之，加香蕈、笋丁、甜酒四两、秋油一杯。如吃辣，用小胡椒十二颗、葱花十二段；如吃酸，用好米醋一杯。

羊蹄

煨羊蹄照煨猪蹄法，分红、白二色。大抵用清酱者红，用盐者白。山药配之宜。

羊羹

取熟羊肉斩小块，如骰子大。鸡汤煨，加笋丁、香蕈丁、山药丁同煨。

羊肚羹

将羊肚洗净，煮烂切丝，用本汤煨之。加胡椒、醋俱可。北人炒法，南人不能如其脆。钱玙沙方伯[①]家锅烧羊肉极佳，将求其法。

注释：

① 方伯：殷周时代一方诸侯之长，后泛指地方长官。汉以来之刺史，唐之采访使、观察使，明清之布政使均称方伯。

红煨羊肉

与红煨猪肉同，加刺眼核桃，放入去膻，亦古法也。

炒羊肉丝

与炒猪肉丝同，可以用纤，愈细愈佳，葱丝拌之。

烧羊肉

羊肉切大块，重五七斤者，铁叉火上烧之。味果甘脆，宜惹宋仁宗①夜半之思也。

注释：

①宋仁宗：即赵祯（1010—1063），真宗第六子。在位时，西夏强盛，宋兵屡遭失败，辽亦乘机索取关南之地。仁宗乃屈辱求和，增加纳辽岁币，又以银、绢、茶等与西夏议和。曾起用范仲淹任参知政事，实施新政，但不久即废罢。在位42年。据《宋史·仁宗本纪》载："官中夜饥，思膳烧羊。"

全羊

全羊法有七十二种，可吃者不过十八九种而已。此屠龙之技①，家厨难学。一盘一碗虽全是羊肉，而味各不同才好。

注释：

①屠龙之技：杀龙的技术。语出《庄子·列御寇》，一般用来指技术高超。

鹿肉

鹿肉不可轻得，得而制之，其嫩鲜在獐肉之上。烧食可，煨食亦可。

鹿筋二法

鹿筋难烂,须三日前先捶煮之,绞出臊水数遍,加肉汁汤煨之,再用鸡汁汤煨,加秋油、酒,微纤收汤,不搀他物,便成白色,用盘盛之。如兼用火腿、冬笋、香蕈同煨,便成红色,不收汤,以碗盛之。白色者加花椒细末。

獐肉

制獐①肉与制牛、鹿同,可以作脯。不如鹿肉之活,而细腻过之。

注释:

①獐:哺乳动物,形状像鹿,毛较粗,头上无角。雄獐有长牙露出嘴外。

果子狸

果子狸①鲜者难得,其腌干者,用蜜酒酿蒸熟,快刀切片上桌。先用米泔水泡一日,去尽盐秽。较火腿觉嫩而肥。

注释:

①果子狸:又称花面狸。大小像家猫,嗜食谷物、果实、小鸟、昆虫等。

假牛乳

用鸡蛋清拌蜜酒酿,打掇入化①,上锅蒸之。以嫩腻为主,火候迟便老,蛋清太多亦老。

注释：

①打掇入化：不停搅动而使东西融为一体。

鹿尾

尹文端公品味，以鹿尾为第一。然南方人不能常得，从北京来者，又苦不鲜新。余尝得极大者，用菜叶包而蒸之，味果不同，其最佳处在尾上一道浆①耳。

注释：

①一道浆：指鹿尾上端皮下脂肪浓厚的部分。

羽族単

鸡功最巨，诸菜赖之，如善人积阴德①而人不知，故令领羽族②之首，而以他禽附之。作羽族单。

注释：
①阴德：暗中做的有德于人的事。
②羽族：指鸟类。

白片鸡

肥鸡白片，自是太羹①、元酒②之味。尤宜于下乡村、入旅店，烹饪不及之时，最为省便，煮时水不可多。

注释：
①太羹：古时祭祀所用的肉汁，不掺五味。
②元酒：指洁净之水。

鸡松

肥鸡一只，用两腿，去筋骨剁碎，不可伤皮。用鸡蛋清、粉纤、松子肉，同剁成块。如腿不敷①用，添脯子②肉，切成方块，用香油灼黄，起放钵头③内，加百花酒半斤、秋油一大杯、鸡油一铁勺，加冬笋、香蕈、姜、葱等。将所余鸡骨皮盖面，加水一大碗，下蒸笼蒸透，临吃去之。

注释：
①不敷：不足，不够。
②脯子：胸脯。
③钵头：一种盛器。

生炮鸡

小雏鸡斩小方块，秋油、酒拌，临吃时拿起，放滚油内灼之，起锅又灼，连灼三回，盛起，用醋、酒、粉纤、葱花喷之。

鸡粥

肥母鸡一只，用刀将两脯肉去皮细刮，或用刨刀亦可。只可刮刨，不可斩，斩之便不腻矣。再用余鸡熬汤下之，吃时加细米粉①、火腿屑、松子肉，共敲碎放汤内。起锅时放葱、姜，浇鸡油，或去渣，或存渣俱可。宜于老人。大概斩碎者去渣，刮刨者不去渣。

注释：

①细米粉：大米加水磨成浆，煮成半生熟粉，然后搓揉压制成细圆条，可煮食。

焦鸡

肥母鸡洗净，整下锅煮。用猪油四两、茴香四个，煮成八分熟；再拿香油灼黄，还下原汤熬浓，用秋油、酒、整葱收起。临上片碎，并将原卤浇之，或拌蘸亦可。此杨中丞家法也，方辅兄家亦好。

捶鸡

将整鸡捶碎，秋油、酒煮之。南京高南昌太守家制之最精。

炒鸡片

用鸡脯肉，去皮，斩成薄片。用豆粉、麻油、秋油拌之，纤粉调之，鸡蛋清抓。临下锅加酱瓜、姜、葱花末。须用极旺之火炒，一盘不过四两，火气才透。

蒸小鸡

用小嫩鸡雏，整放盘中，上加秋油、甜酒、香蕈、笋尖，饭锅上蒸之。

酱鸡

生鸡一只，用清酱浸一昼夜而风干之。此三冬[①]菜也。

注释：
①三冬：指冬季的三个月。

鸡丁

取鸡脯子切骰子小块，入滚油炮炒之，用秋油、酒收起；

加荸荠①丁、笋丁、香蕈丁拌之，汤以黑色为佳。

注释：

①荸荠（bí qi）：又名马蹄、地栗。莎草科，多年生草本植物。生长在沼泽或浅水中，茎秆丛生。地下有匍匐根状茎，顶端膨大成扁球茎。富含淀粉，可生食或熟食，也可供药用。

鸡圆

斩鸡脯子肉为圆，如酒杯大，鲜嫩如虾团。扬州臧八太爷家制之最精。法用猪油、萝卜、纤粉揉成，不可放馅。

蘑菇煨鸡

口蘑菇①四两，开水泡去砂，用冷水漂、牙刷擦，再用清水漂四次，用菜油二两炮透，加酒喷。将鸡斩块放锅内，滚去沫，下甜酒、清酱，煨八分功成；下蘑菇，再煨二分功成；加笋、葱、椒起锅，不用水，加冰糖三钱。

注释：

①口蘑菇：多生在牧场的草地上，有白色肥厚的菌盖。供食用，味鲜美。

梨炒鸡

取雏鸡胸肉切片，先用猪油三两熬熟，炒三四次，加麻油一瓢，纤粉、盐花①、姜汁、花椒末各一茶匙，再加雪梨薄片、香蕈小块，炒三四次起锅，盛五寸盘。

注释：
①盐花：盐霜，细盐粒。

假野鸡卷

将脯子斩碎，用鸡子一个，调清酱郁之，将网油画碎，分包小包，油里炮透，再加清酱、酒、作料、香蕈、木耳，起锅加糖一撮。

黄芽菜炒鸡

将鸡切块，起油锅生炒①透，酒滚二三十次，加秋油后滚二三十次，下水滚；将菜切块，俟鸡有七分熟，将菜下锅；再滚三分，加糖、葱、大料②。其菜要另滚熟拌用。每一只用油四两。

注释：
①生炒：一种烹饪技法。先将主料放入沸油锅中，炒至五六成熟，再放入配料，配料易熟的可迟放，最后调味，迅速颠翻几下，断生即可。
②大料：即八角。

栗子炒鸡

鸡斩块，用菜油二两炮，加酒一饭碗、秋油一小杯、水一饭碗，煨七分熟；先将栗子煮熟，同笋下之，再煨三分起锅，下糖一撮。

灼八块

嫩鸡一只,斩八块,滚油炮透,去油,加清酱一杯、酒半斤,煨熟便起,不用水,用武火。

珍珠团

熟鸡脯子,切黄豆大块,清酱、酒拌匀,用干面滚满,入锅炒。炒用素油。

黄芪蒸鸡治瘵①

取童鸡②未曾生蛋者杀之,不见水,取出肚脏,塞黄芪③一两,架箸放锅内蒸之,四面封口,熟时取出。卤浓而鲜,可疗弱症。

注释:
①瘵(zhài):病,多指痨病。
②童鸡:即童子鸡。
③黄芪(qí):多年生草本植物,羽状复叶,小叶长圆形,上有柔毛,开淡黄色小花。根可入药。

卤鸡

囫囵鸡一只,肚内塞葱三十条、茴香二钱,用酒一斤、秋油一小杯半，先滚一枝香，加水一斤、脂油①二两，一齐同煨。待鸡熟，取出脂油。水要用熟水，收浓卤一饭碗，才取起，或拆碎，或薄刀片之，仍以原卤拌食。

注释：
①脂油：猪油。

蒋鸡

童子鸡一只，用盐四钱、酱油一匙、老酒半茶杯、姜三大片，放砂锅内，隔水蒸烂，去骨，不用水，蒋御史①家法也。

注释：
①御史：明清时期设监察御史，分道行使纠察之权。

唐鸡

鸡一只，或二斤，或三斤，如用二斤者，用酒一饭碗，水三饭碗；用三斤者，酌添。先将鸡切块，用菜油二两，候滚熟，爆鸡要透。先用酒滚一二十滚，再下水约二三百滚，用秋油一酒杯，起锅时加白糖一钱。唐静涵家法也。

鸡肝

用酒、醋喷炒，以嫩为贵。

鸡血

取鸡血为条,加鸡汤、酱、醋、索粉①作羹,宜于老人。

注释:

①索粉:以绿豆粉或其他豆粉制成的细条状食物。也称粉丝、线粉。

鸡丝

拆鸡为丝,秋油、芥末、醋拌之。此杭州菜也。加笋加芹俱可,用笋丝、秋油、酒炒之亦可。拌者用熟鸡,炒者用生鸡。

糟鸡

糟鸡法与糟肉同。

鸡肾

取鸡肾三十个,煮微熟,去皮,用鸡汤加作料煨之。鲜嫩绝伦。

鸡蛋

鸡蛋去壳放碗中,将竹箸打一千回,蒸之,绝嫩。凡蛋一煮而老,一千煮而反嫩。加茶叶煮者,以两炷香为度。蛋一百，用盐一两；五十，用盐五钱。加酱煨亦可，其他则或煎或炒俱可。斩碎黄雀①蒸之，亦佳。

注释：

①黄雀：金翅雀属鸟类。雄鸟上体浅黄绿色，腹部白色而腰部稍黄。雌鸟上体微黄有暗褐条纹。鸣声清脆，可饲养为观赏鸟。

野鸡五法

野鸡披①胸肉，清酱郁过，以网油包放铁奁②上烧之，作方片可，作卷子亦可，此一法也；切片加作料炒，一法也；取胸肉作丁，一法也；当家鸡整煨，一法也；先用油灼，拆丝加酒、秋油、醋，同芹菜冷拌，一法也；生片其肉，入火锅中，登时便吃，亦一法也。其弊在肉嫩则味不入，味入则肉又老。

注释：

①披：劈开。这里指片下。
②奁（lián）：原指古代妇女梳妆用的镜匣，此处是指烤肉的铁架子。

赤炖肉鸡

赤炖肉鸡，洗切净，每一斤用好酒十二两、盐二钱五分、冰糖四钱研，酌加桂皮①，同入砂锅中，文炭火煨之。倘酒将干，鸡肉尚未烂，每斤酌加清开水一茶杯。

注释：

①桂皮：天竺桂、香桂或川桂等树皮的通称，可用作香料，也可提取桂皮油。

蘑菇煨鸡

鸡肉一斤,甜酒一斤,盐三钱,冰糖四钱,蘑菇用新鲜不霉者,文火煨两枝线香为度。不可用水,先煨鸡八分熟,再下蘑菇。

鸽子

鸽子加好火腿同煨,甚佳。不用火肉亦可。

鸽蛋

煨鸽蛋法与煨鸡肾同。或煎食亦可,加微醋亦可。

野鸭

野鸭切厚片,秋油郁过,用两片雪梨夹住炮炒之。苏州包道台①家制法最精,今失传矣。用蒸家鸭法蒸之亦可。

注释:

①道台:即道员。

蒸鸭

生肥鸭去骨,内用糯米一酒杯,火腿丁、大头菜丁、香蕈、笋丁、秋油、酒、小磨麻油、葱花,俱灌鸭肚内,外用鸡汤放盘中,隔水蒸透。此真定①魏太守家法也。

注释:

①真定:即真定府,石家庄地区古称。

鸭糊涂

用肥鸭白煮八分熟,冷定去骨,拆成天然不方不圆之块,下原汤内煨,加盐三钱、酒半斤,捶碎山药同下锅作纤,临煨烂时,再加姜末、香蕈、葱花。如要浓汤,加放粉纤。以芋代山药亦妙。

卤鸭

不用水用酒,煮鸭去骨,加作料食之。高要①令杨公家法也。

注释:

①高要:西汉元鼎六年(前111)置县,2015年改设区,属广东省肇庆市。

鸭脯

用肥鸭斩大方块,用酒半斤、秋油一杯、笋、香蕈、葱花闷之，收卤起锅。

烧鸭

用雏鸭上叉烧之。冯观察家厨最精。

挂卤鸭

塞葱鸭腹，盖闷而烧。水西门①许店最精，家中不能作。有黄、黑二色，黄者更妙。

注释：

①水西门：五代杨吴时金陵城西门之一。因地处内秦淮河的出城口，成为控制西水关的要隘，故名。明代改称三山门。

干蒸鸭

杭州商人何星举家干蒸鸭，将肥鸭一只洗净斩八块，加甜酒、秋油，淹满鸭面，放磁罐中封好，置干锅中蒸之。用文炭火，不用水。临上时，其精肉皆烂如泥，以线香二枝为度。

野鸭团

细斩野鸭胸前肉，加猪油微纤，调揉成团，入鸡汤滚之。或用本鸭汤亦佳。太兴①孔亲家制之甚精。

注释：
①太兴：即泰兴，五代南唐升元二年（938）置县，1992年撤县立市。

徐鸭

顶大鲜鸭一只，用百花酒十二两、青盐①一两二钱、滚水一汤碗，冲化去渣沫；再兑冷水七饭碗、鲜姜四厚片，约重一两，同入大瓦盖钵内。将皮纸②封固口，用大火笼烧透大炭吉③三元（约二文一个）；外用套包一个，将火笼罩定，不可令其走气。约早点时炖起，至晚方好。速则恐其不透，味便不佳矣。其炭吉烧透后，不宜更换瓦钵，亦不宜预先开看。鸭破开时，将清水洗后，用洁净无浆布拭干入钵。

注释：
①青盐：青海省对地产石盐的俗称。多产于炎热干燥地区的盐湖之中。也称岩盐、湖盐。
②皮纸：即牛皮纸。
③炭吉：古代烧火用的一种燃料。

煨麻雀

取麻雀五十只，以清酱、甜酒煨之，熟后去爪脚，单取雀胸、头肉，连汤放盘中，甘鲜异常。其他鸟鹊俱可类推，但鲜者一时难得。薛生白①常劝人勿食人间豢养之物，以野禽味鲜，且易消化。

注释：

①薛生白：即薛雪（1681—1770），清代医学家，江苏苏州人，字生白，号一瓢。有与叶天士、缪遵义两家合著医案，称《三家医案合刻》；另著有《医经原旨》《薛一瓢疟论》等。

煨鹪鹩、黄雀

鹪鹩①用六合②来者最佳，有现成制好者。黄雀用苏州糟加蜜酒煨烂，下作料，与煨麻雀同。苏州沈观察煨黄雀并骨如泥，不知作何制法，炒鱼片亦精。其厨馔③之精，合吴门④推为第一。

注释：

①鹪鹩：即鹪（jiāo）鹩，体长约10厘米，羽毛赤褐色，略有黑褐色斑点，多在灌木丛中活动，吃昆虫等。
②六合：古称棠邑，秦始皇二十六年（前221）置棠邑县，隋开皇四年（585）改六合县，1975年划归南京市。
③厨馔：即厨膳，厨房里的饭食。
④吴门：指苏州一带。

云林鹅

倪云林①集中载制鹅法：整鹅一只，洗净后用盐三钱擦其腹内，塞葱一帚②，填实其中，外将蜜拌酒通身满涂之。锅中一大碗酒、一大碗水蒸之，用竹箸架之，不使鹅身近水。灶内用山茅二束，缓缓烧尽为度。俟锅盖冷后揭开锅盖，将鹅翻身，仍将锅盖封好蒸之，再用茅柴一束烧尽为度。柴俟其自尽，不可挑拨。锅盖用绵纸③糊封，逼燥裂缝，以水润之。起锅时，不但鹅烂如泥，汤亦鲜美。以此法制鸭，味美亦同。每茅柴一束，重一斤八两。擦盐时，串入葱、椒末子，以酒和匀。云林集中载食品甚多，只此一法，试之颇效，余俱附会。

注释：

①倪云林：倪瓒（1301—1374），元明间江苏无锡人，字元镇，号云林子，与黄公望、王蒙、吴镇并称"元四家"。倪瓒不仅善画山水，在烹饪上也颇有心得，曾著元代重要的饮食著作《云林堂饮食制度集》，在中国饮食文化史上具有重要影响。
②一帚：一小把。
③绵纸：一种用树木的韧皮纤维制成的纸。色白柔韧，纤维细长如绵，故称。

烧鹅

杭州烧鹅为人所笑，以其生也。不如家厨自烧为妙。

水族有鳞单

鱼皆去鳞，惟鲥鱼不去。我道有鳞而鱼形始全。作水族有鳞单。

边鱼

边鱼①活者，加酒、秋油蒸之，玉色为度。一作呆白色，则肉老而味变矣。并须盖好，不可受锅盖上之水气。临起加香蕈、笋尖。或用酒煎亦佳，用酒不用水，号假鲥鱼。

注释：

①边鱼：即鳊（biān）鱼。体侧扁，略呈菱形，生长迅速，食性广，生活在淡水中。其肉质嫩滑，味道鲜美。

鲫鱼

鲫鱼先要善买，择其扁身而带白色者，其肉嫩而松，熟后一提，肉即卸骨而下。黑脊浑身者，倔强槎枒，鱼中之喇子①也，断不可食。照边鱼蒸法，最佳。其次，煎吃亦妙，拆肉下可以作羹。通州②人能煨之，骨尾俱酥，号酥鱼，利小儿食。然总不如蒸食之得真味也。六合龙池出者，愈大愈嫩，亦奇。蒸时用酒不用水，小小用糖以起其鲜。以鱼之小大，酌量秋油、酒之多寡。

注释：

①喇子：流氓无赖及刁滑凶悍者，此处是指黑脊、鱼身凹凸不平的鲫鱼。
②通州：今江苏南通。

白鱼

白鱼①肉最细，用糟鲥鱼同蒸之，最佳。或冬日微腌，加酒酿糟二日，亦佳。余在江中得网起活者，用酒蒸食，美不可言。糟之最佳，不可太久，久则肉木矣。

注释：

①白鱼：体形长，头背平直，头后背部隆起。这种鱼游泳迅速，善跳跃，以小鱼为食，是一种凶猛的鱼。

季鱼

季鱼少骨，炒片最佳。炒者以片薄为贵。用秋油细郁后，用纤粉、蛋清掏之，入油锅炒，加作料炒之。油用素油。

土步鱼

杭州以土步鱼①为上品，而金陵人贱之，目为虎头蛇，可发一笑。肉最松嫩，煎之、煮之、蒸之俱可。加腌芥作汤、作羹，尤鲜。

注释：

①土步鱼：即沙塘鳢。前部呈圆筒形，后部侧扁，头宽扁，口大，齿细小。其性情凶猛，为杂食偏肉食性鱼类。

鱼松

用青鱼、鲩鱼，蒸熟将肉拆下，放油锅中灼之黄色，加盐花、葱、椒、瓜、姜。冬日封瓶中，可以一月。

鱼圆

用白鱼、青鱼活者，破半钉板上，用刀刮下肉，留刺在板上。将肉斩化，用豆粉、猪油拌，将手搅之。放微微盐水，不用清酱，加葱、姜汁作团。成后，放滚水中，煮熟撩起，冷水养之。临吃，入鸡汤、紫菜滚。

鱼片

取青鱼、季鱼片，秋油郁之，加纤粉、蛋清，起油锅炮炒，用小盘盛起，加葱、椒、瓜、姜，极多不过六两，太多则火气不透。

连鱼豆腐

用大连鱼[①]煎熟，加豆腐，喷酱水、葱、酒滚之，俟汤色半红起锅，其头味尤美。此杭州菜也。用酱多少，须相鱼而行。

注释：

① 连鱼：即鲢鱼。体侧扁，鳞小，腹部扁薄。其为中国淡水四大家鱼之一。

醋搂鱼

用活青鱼切大块,油灼之,加酱、醋、酒喷之,汤多为妙。俟熟即速起锅。此物杭州西湖上五柳居最有名,而今则酱臭而鱼败矣。甚矣!宋嫂鱼羹①,徒存虚名。《梦粱录》②不足信也。鱼不可大,大则味不入;不可小,小则刺多。

注释:

①宋嫂鱼羹:南宋的一道名菜。据宋代周密《武林旧事》记载,南宋临安宋五嫂所卖鱼羹因受到宋高宗赏识后,名声大震,成为驰名京城的菜肴。
②《梦粱录》:宋代吴自牧所写笔记,是一本有关南宋都城临安市情风物的书。

银鱼

银鱼①起水②时,名冰鲜。加鸡汤、火腿汤煨之,或炒食甚嫩。干者泡软,用酱水炒,亦妙。

注释:

①银鱼:俗称绘残鱼、面条鱼。鱼体细长,光滑,无鳞。活鱼及鲜鱼为银白色,呈半透明,故名。
②起水:浮水而起,露出水面。

台鲞

台鲞好丑不一,出台州松门者为佳,肉软而鲜肥。生时拆之,便可当作小菜,不必煮食也。用鲜肉同煨,须肉烂时放鲞，否则鲞消化不见矣。冻之即为鲞冻，绍兴人法也。

糟鲞
冬日用大鲤鱼腌而干之，入酒糟，置坛中，封口，夏日食之。不可烧酒作泡，用烧酒者，不无辣味。

虾子勒鲞
夏日选白净带子勒①鲞，放水中一日，泡去盐味，太阳晒干。入锅油煎，一面黄取起，以一面未黄者铺上虾子，放盘中，加白糖蒸之，以一炷香为度。三伏日食之，绝妙。

注释：
①勒：即鳓鱼。体侧扁，腹部有硬刺，生活在海中，为中国沿海主要经济鱼类。

鱼脯
活青鱼去头尾，斩小方块，盐腌透，风干。入锅油煎，加作料收卤，再炒芝麻滚拌起锅。苏州法也。

家常煎鱼
家常煎鱼，须要耐性。将鲩鱼洗净、切块、盐腌、压扁，入油中两面煠①黄，多加酒、秋油，文火慢慢滚之，然后收汤作卤，使作料之味全入鱼中。第此法指鱼之不活者而言；如活者，又以速起锅为妙。

注释：

①煤（hàn）：用极少的油煎。

黄姑鱼

徽州①出小鱼，长二三寸，晒干寄来。加酒剥皮，放饭锅上蒸而食之，味最鲜，号黄姑鱼。

注释：

①徽州：即徽州府，清代行政区划名，辖境为今黄山市大部分区域、绩溪县全境，婺源县全境。

水族无鳞单

鱼无鳞者，其腥加倍，须加意烹饪，以姜、桂胜之。作水族无鳞单。

汤鳗

鳗鱼最忌出骨，因此物性本腥重，不可过于摆布，失其天真，犹鲫鱼之不可去鳞也。清煨者，以河鳗一条，洗去滑涎，斩寸为段，入磁罐中，用酒、水煨烂，下秋油起锅，加冬腌新芥菜①作汤，重用葱、姜之类，以杀其腥。常熟顾比部②家，用纤粉、山药干煨，亦妙。或加作料直置盘中蒸之，不用水。家致华分司③蒸鳗最佳。秋油、酒四六兑，务使汤浮于本身。起笼时尤要恰好，迟则皮皱味失。

注释：

①芥菜：有叶用芥菜（如雪里蕻）、茎用芥菜（如榨菜）和根用芥菜（如大头菜）三类。腌制后有特殊的鲜味和香味。种子有辣味，可榨油或制芥末。

②比部：明清以比部作为刑部及其司官的习称。

③分司：清代于盐运司下设分司，为管理盐务的官员。

红煨鳗

鳗鱼用酒、水煨烂，加甜酱代秋油，入锅收汤煨干，加茴香、大料起锅。有三病宜戒者：一皮有皱纹，皮便不酥；一肉散碗中，箸夹不起；一早下盐豉，入口不化。扬州朱分司家制之最精。大抵红煨者以干为贵，使卤味收入鳗肉中。

炸鳗

　　择鳗鱼大者，去首尾，寸断之。先用麻油炸熟，取起；另将鲜蒿菜嫩尖入锅中，仍用原油炒透，即以鳗鱼平铺菜上，加作料煨一炷香。蒿菜分量，较鱼减半。

生炒甲鱼

　　将甲鱼去骨，用麻油炮炒之，加秋油一杯、鸡汁一杯。此真定魏太守家法也。

酱炒甲鱼

　　将甲鱼煮半熟，去骨，起油锅炮炒，加酱水、葱、椒，收汤成卤，然后起锅。此杭州法也。

带骨甲鱼

　　要一个半斤重者，斩四块，加脂油二两，起油锅煎两面黄，加水、秋油、酒煨；先武火，后文火，至八分熟加蒜，起锅用葱、姜、糖。甲鱼宜小不宜大，俗号童子脚鱼才嫩。

青盐甲鱼

斩四块，起油锅炮透。每甲鱼一斤，用酒四两、大茴香三钱、盐一钱半，煨至半好，下脂油二两；切小豆块再煨，加蒜头、笋尖；起时用葱、椒，或用秋油，则不用盐。此苏州唐静涵家法。甲鱼大则老，小则腥，须买其中样①者。

注释：

①中样：中等。

汤煨甲鱼

将甲鱼白煮，去骨拆碎，用鸡汤、秋油、酒煨汤二碗，收至一碗，起锅，用葱、椒、姜末糁之。吴竹屿家制之最佳。微用纤，才得汤腻。

全壳甲鱼

山东杨参将①家制甲鱼，去首尾，取肉及裙，加作料煨好，仍以原壳覆之。每宴客，一客之前以小盘献一甲鱼，见者悚然②，犹虑其动。惜未传其法。

注释：

①参将：明代首设，清代时指绿营武官。
②悚然：惶恐不安的样子。

鳝丝羹

鳝鱼煮半熟,划丝去骨,加酒、秋油煨之,微用纤粉,用真金菜①、冬瓜、长葱为羹。南京厨者辄制鳝为炭,殊不可解。

注释:

①真金菜:即金针菜,也叫黄花菜。多年生草本植物,叶子丛生。花筒长而大,黄色,有香味,有药用价值。

炒鳝

拆鳝丝炒之,略焦,如炒肉、鸡之法,不可用水。

段鳝

切鳝以寸为段,照煨鳗法煨之,或先用油炙,使坚,再以冬瓜、鲜笋、香蕈作配,微用酱水,重用姜汁。

虾圆

虾圆照鱼圆法,鸡汤煨之,干炒亦可。大概捶虾时不宜过细,恐失真味,鱼圆亦然。或竟剥虾肉以紫菜拌之,亦佳。

虾饼

以虾捶烂,团而煎之,即为虾饼。

醉虾

带壳用酒炙黄,捞起,加清酱、米醋熨①之,用碗闷之。临食,放盘中,其壳俱酥。

注释:

①熨(yù):原意为用熨斗熨衣服,此处指把虾放在调料中浸泡一会儿,妥帖处理。

炒虾

炒虾照炒鱼法,可用韭配。或加冬腌芥菜,则不可用韭矣。有捶扁其尾单炒者,亦觉新异。

蟹

蟹宜独食,不宜搭配他物。最好以淡盐汤煮熟,自剥自食为妙。蒸者味虽全,而失之太淡。

蟹羹

剥蟹为羹,即用原汤煨之,不加鸡汁,独用为妙。见俗厨从中加鸭舌,或鱼翅,或海参者,徒夺其味而惹其腥恶,劣极矣!

炒蟹粉

以现剥现炒之蟹为佳。过两个时辰，则肉干而味失。

剥壳蒸蟹

将蟹剥壳，取肉、取黄，仍置壳中，放五六只在生鸡蛋上蒸之。上桌时完然一蟹，惟去爪脚。比炒蟹粉觉有新色。杨兰坡明府，以南瓜肉拌蟹，颇奇。

蛤蜊

剥蛤蜊肉，加韭菜炒之佳，或为汤亦可。起迟便枯。

蚶

蚶有三吃法：用热水喷之半熟，去盖，加酒、秋油醉之；或用鸡汤滚熟，去盖，入汤；或全去其盖，作羹亦可，但宜速起，迟则肉枯。蚶出奉化县，品在车螯[①]、蛤蜊之上。

注释：

①车螯（chē áo）：蛤类，亦作"车鳌"。壳紫色，如玉有斑点，肉可食。

车螯

先将五花肉切片，用作料焖烂。将车螯洗净，麻油炒，仍将肉片连卤烹之。秋油要重些，方得有味，加豆腐亦可。蝉螯从扬州来，虑坏则取壳中肉，置猪油中，可以远行。有晒为干者，亦佳。入鸡汤烹之，味在蛏干之上。捶烂蝉螯作饼，如虾饼样，煎吃，加作料亦佳。

程泽弓蛏干

程泽弓商人家制蛏干，用冷水泡一日，滚水煮两日，撤汤五次。一寸之干，发开有二寸，如鲜蛏一般，才入鸡汤煨之。扬州人学之，俱不能及。

鲜蛏

烹蛏法与蝉螯同，单炒亦可。何春巢家蛏汤豆腐之妙，竟成绝品。

水鸡

水鸡[①]去身用腿，先用油灼之，加秋油、甜酒、瓜、姜起锅。或拆肉炒之，味与鸡相似。

注释：
①水鸡：即虎纹蛙，又称田鸡。

熏蛋

将鸡蛋加作料煨好，微微熏干，切片放盘中，可以佐膳。

茶叶蛋

鸡蛋百个，用盐一两、粗茶叶煮，两枝线香为度。如蛋五十个，只用五钱盐，照数加减。可作点心。

杂素菜单

菜有荤素，犹衣有表里也。富贵之人嗜素，甚于嗜荤。作杂素菜单。

蒋侍郎豆腐

豆腐两面去皮，每块切成十六片，晾干；用猪油熬，清烟起才下豆腐，略洒盐花一撮；翻身后，用好甜酒一茶杯、大虾米一百二十个，如无大虾米，用小虾米三百个。先将虾米滚泡一个时辰，秋油一小杯，再滚一回，加糖一撮，再滚一回，用细葱半寸许长一百二十段，缓缓起锅。

杨中丞豆腐

用嫩腐煮去豆气，入鸡汤，同鳆鱼片滚数刻，加糟油、香蕈起锅。鸡汁须浓，鱼片要薄。

张恺豆腐

将虾米捣碎，入豆腐中，起油锅，加作料干炒。

庆元豆腐

酱豆豉[①]一茶杯，水泡烂，入豆腐同炒起锅。

注释：

①豆豉（chǐ）：一般将黄豆或黑豆蒸煮以后，经发酵制成，多用于调味。

芙蓉豆腐

用腐脑①放井水泡三次，去豆气，入鸡汤中滚，起锅时加紫菜、虾肉。

注释：

①腐脑：即豆腐脑。豆浆煮开后，加入石膏或内酯而凝结成的半固体。北方食时多配以辣油、虾米、榨菜等佐料。

王太守八宝豆腐

用嫩片切粉碎，加香蕈屑、蘑菇屑、松子仁屑、瓜子仁屑、鸡屑、火腿屑，同入浓鸡汁中，炒滚起锅。用腐脑亦可。用瓢不用箸。孟亭太守云："此圣祖①赐徐健庵尚书②方也。尚书取方时，御膳房费一千两。"太守之祖楼村先生为尚书门生，故得之。

注释：

①圣祖：指清圣祖爱新觉罗·玄烨（1654—1722），即康熙皇帝。
②尚书：从隋唐开始，中央首要机关分为三省，尚书省即其中之一。明代则以六部尚书分掌政务，六部尚书遂等为国务大臣，清代相沿不改。

程立万豆腐

乾隆廿三年，同金寿门①在扬州程立万家食煎豆腐，精绝无双。其腐两面黄干，无丝毫卤汁，微有蛼螯鲜味，然盘中并无蛼螯及他杂物也。次日告查宣门②，查曰："我能之！我当特请。"已而，同杭堇莆③同食于查家，则上箸大笑；乃纯是鸡、雀脑为之，并非真豆腐，肥腻难耐矣。其费十倍于程，而味远不及也。惜其时余以妹丧急归，不及向程求方。程逾年亡，至今悔之。仍存其名，以俟再访。

注释：
①寿门：掌管城门启闭之官。
②宣门：掌管城门启闭之官。
③杭堇莆：即杭世骏（1696—1772），字大宗，清浙江仁和（今杭州）人。乾隆初举博学鸿词科，授编修，校勘《十三经》《二十四史》，纂修《三礼义疏》。晚年主讲广州粤秀及扬州安定两个书院，好奖掖后进。

冻豆腐

将豆腐冻一夜，切方块，滚去豆味，加鸡汤汁、火腿汁、肉汁煨之。上桌时，撤去鸡、火腿之类，单留香蕈、冬笋。豆腐煨久则松，面起蜂窝，如冻腐矣。故炒腐宜嫩，煨者宜老。家致华分司用蘑菇煮豆腐，虽夏月亦照冻腐之法，甚佳。切不可加荤汤，致失清味。

虾油豆腐

取陈虾油代清酱炒豆腐,须两面煤黄。油锅要热,用猪油、葱、椒。

蓬蒿菜①

取蒿尖用油灼瘪,放鸡汤中滚之,起时加松菌②百枚。

注释:

①蓬蒿菜:即茼蒿。菊科,一年或二年生草本植物,高达一米。茎直立,柔软。叶椭圆形,花黄色或白色。原产中国,南北各地都有栽培。
②松菌:即松口蘑,是松栎等树木外生的菌根真菌,具有独特的浓郁香味,是名贵的天然药用菌。好生于养分不多而且比较干燥的林地,一般在秋季生成。四川、贵州、云南等省区是我国松口蘑的主要产地。

蕨菜

用蕨菜①不可爱惜,须尽去其枝叶,单取直根,洗净煨烂,再用鸡肉汤煨。必买关东②者才肥。

注释:

①蕨菜:蕨的嫩茎叶,可以吃,也可作饲料。
②关东:该词源自先秦时期,泛指函谷关以东的地区;自明代起,泛指山海关以东的地区。

葛仙米[1]

将米细检淘净,煮半烂,用鸡汤、火腿汤煨。临上时,要只见米,不见鸡肉、火腿搀和才佳。此物陶方伯家制之最精。

注释:

[1]葛仙米:俗称天仙菜、珍珠菜,在全世界都有分布,适应性很强,口感甚佳。似木耳之脆,但比木耳更嫩;如粉皮之软,但比粉皮更脆。润而不滞,滑而不腻,有一种特有的爽适感。食用方法很多,可炒食、凉拌、熘、烩、做羹等。

羊肚菜

羊肚菜[1]出湖北,食法与葛仙米同。

注释:

[1]羊肚菜:即羊肚菌,又叫编笠蘑、羊肚蘑,因上部呈褶皱网状,如羊肚,故名。野生羊肚菌以个大为优,圆顶为佳,市面所售有新鲜和干货之分。干羊肚菌味道更纯正浓厚,须经泡发后食用。

石发[1]

制法与葛仙米同。夏日用麻油、醋、秋油拌之,亦佳。

注释:

[1]石发:据李时珍《本草纲目》记载:"龙须菜,生东南海边石上。丛生,无枝叶,状如柳根须,长者尺余,白色,以醋浸食之,和肉蒸食,亦佳。《博物志》一种石发,似指此物,与石衣之石发同名也。"具体指何物不详。

珍珠菜①

制法与蕨菜同,上江②新安③所出。

注释:

①珍珠菜:报春花科。多年生草本植物,被黄褐色卷毛。叶卵状椭圆形或宽披针形,有黄色卷毛和黑色斑点。春季开花,花白色,总状花序。蒴果近球形。生于山坡、路旁、溪边草丛中等湿润处。分布于我国东北、华东、中南、西南各省区及河北、陕西等省。全草供药用,治水肿、热淋、外伤出血、蛇咬伤等。
②上江:旧为今安徽省的别称。因长江由安徽流入江苏,故称安徽为上江,称江苏为下江。
③新安:指新安郡,即徽州与严州大部,古称新安,后成为徽州、严州地区的代称。

素烧鹅

煮烂山药,切寸为段,腐皮①包,入油煎之,加秋油、酒、糖、瓜、姜,以色红为度。

注释:

①腐皮:豆腐皮。

韭

韭,荤物也。专取韭白,加虾米炒之便佳。或用鲜虾亦可,鳖亦可,肉亦可。

芹

芹,素物也,愈肥愈妙。取白根炒之,加笋,以熟为度。今人有以炒肉者,清浊不伦。不熟者,虽脆无味。或生拌野鸡,又当别论。

豆芽

豆芽柔脆,余颇爱之。炒须熟烂,作料之味,才能融洽。可配燕窝,以柔配柔,以白配白故也。然以极贱而陪极贵,人多嗤之,不知惟巢、由①正可陪尧、舜耳。

注释:

①巢、由:巢父和许由的并称。相传皆为尧时隐士,尧让位于二人,皆不受。后常指隐居不仕者。

茭

茭白①炒肉、炒鸡俱可。切整段,酱、醋炙之,尤佳。煨肉亦佳,须切片,以寸为度。初出太细者无味。

注释:

①茭白:即菰(gū),别名菰笋、茭笋。茭白以嫩茎肥大,外观白净整洁,新鲜柔嫩,带甜味者为最好。

青菜

青菜择嫩者，笋炒之。夏日芥末拌，加微醋，可以醒胃。加火腿片，可以作汤，亦须现拔者才软。

台菜

炒台菜①心最懦②，剥去外皮，入蘑菇、新笋作汤。炒食加虾肉，亦佳。

注释：

①台菜：应为薹菜，十字花科。一年或二年生草本植物。叶长椭圆形或宽卵形，顶端钝圆，全体无毛，不耐旱。广东、广西等地栽培较多。

②懦：这里指柔嫩。

白菜

白菜炒食，或笋煨亦可。火腿片煨、鸡汤煨俱可。

黄芽菜

此菜以北方来者为佳。或用醋搂，或加虾米煨之，一熟便吃，迟则色味俱变。

瓢儿菜[1]

炒瓢菜心，以干鲜无汤为贵。雪压后更软。王孟亭太守家制之最精。不加别物，宜用荤油。

注释：
① 瓢儿菜：即塌棵菜，二年生草本植物，叶片有褶，墨绿色，有光泽。主产于长江流域，以南京产最为知名，外叶深绿，心叶黄色，长成后大株抱心，经霜雪后味道鲜美。

波菜

波菜肥嫩，加酱水、豆腐煮之，杭人名"金镶白玉板"是也。如此种菜，虽瘦而肥，可不必再加笋尖、香蕈。

蘑菇

蘑菇不止作汤，炒食亦佳。但口蘑最易藏沙，更易受霉，须藏之得法，制之得宜。鸡腿蘑便易收拾，亦复讨好。

松菌

松菌加口蘑炒最佳，或单用秋油泡食，亦妙；惟不便久留耳。置各菜中，俱能助鲜，可入燕窝作底垫，以其嫩也。

面筋三法

一法，面筋①入油锅炙枯，再用鸡汤、蘑菇清煨；一法，不炙，用水泡，切条入浓鸡汁炒之，加冬笋、天花②，章淮树观察家制之最精。上盘时宜毛撕③，不宜光切。加虾米泡汁，甜酱炒之，甚佳。

注释：
①面筋：面粉加水、盐搅拌，洗去其中所含的淀粉，剩下凝结成团的混合蛋白质就是面筋。
②天花：即天花蕈，也叫天花菜，蘑菇的一种，产自山西五台山，形如松花而大，香气如蕈，白色，食之甚美。
③毛撕：粗略地撕开。

茄二法

吴小谷广文家将整茄子削皮，滚水泡去苦汁，猪油炙之。炙时须待泡水干后，用甜酱水干煨，甚佳。卢八太爷家切茄作小块，不去皮，入油灼微黄，加秋油炮炒，亦佳。是二法者，俱学之而未尽其妙，惟蒸烂划开，用麻油、米醋拌，则夏间亦颇可食。或煨干作脯，置盘中。

苋羹

苋①须细摘嫩尖，干炒，加虾米或虾仁更佳。不可见汤。

注释：

①苋（xiàn）：即苋菜，一年生草本植物，绿色或红色，菜身软滑，入口甘香。亦有药用价值。

芋羹

芋性柔腻，入荤入素俱可。或切碎作鸭羹，或煨肉，或同豆腐加酱水煨。徐兆璜明府家选小芋子①，入嫩鸡煨汤，妙极！惜其制法未传。大抵只用作料，不用水。

注释：

①芋子：母芋上长出的子芋。

豆腐皮

将腐皮泡软，加秋油、醋、虾米拌之，宜于夏日。蒋侍郎家入海参用，颇妙。加紫菜、虾肉作汤，亦相宜；或用蘑菇、笋煨清汤亦佳，以烂为度。芜湖敬修和尚将腐皮卷筒切段，油中微炙，入蘑菇煨烂，极佳。不可加鸡汤。

扁豆

取现采扁豆①，用肉、汤炒之，去肉存豆。单炒者，油重为佳。以肥软为贵,毛糙而瘦薄者,瘠土所生,不可食。

注释:

①扁豆:豆科扁豆属,多年生缠绕藤本植物。嫩荚可作蔬食,白色种子和白花均可入药,可消暑解毒、健脾胃、止泻痢。东汉时期,扁豆传入我国。

瓠子、王瓜

将鲩鱼切片先炒,加瓠子①,同酱汁煨。王瓜②亦然。

注释:

①瓠(hù)子:别名甘瓠、甜瓠、瓠瓜、净街槌等,是葫芦的变种,一年生攀援草本。果实粗细匀称而呈圆柱状,直或稍弓曲,嫩时柔软多汁,可作食蔬。

②王瓜:葫芦科,椭圆形,具有清热、生津、化瘀之功效,味似山药。

煨木耳、香蕈

扬州定慧庵僧能将木耳煨二分厚,香蕈煨三分厚,先取蘑菇蓬熬汁为卤。

冬瓜

冬瓜之用最多,拌燕窝、鱼肉、鳗、鳝、火腿皆可。扬州定慧庵所制尤佳,红如血珀①,不用荤汤。

注释：

①血珀：血红色的琥珀。

煨鲜菱

煨鲜菱①，以鸡汤滚之，上时将汤撤去一半。池中现起者才鲜，浮水面者才嫩。加新栗、白果②煨烂，尤佳。或用糖亦可，作点心亦可。

注释：

①菱：此处指菱科植物菱的果肉，又称菱角、水菱，生长于池塘河沼中，有无角、两个角、三个角、四个角的，各地均有种植，九十月采收。
②白果：银杏的种仁，表面黄白或淡黄棕色，平滑坚硬，味甘、微苦。白果分药用和食用两种，药用白果略带涩味，食用白果口感清爽。

豇豆

豇豆①炒肉，临上时，去肉存豆。以极嫩者，抽去其筋。

注释：

①豇豆：一年生草本植物。果实为圆筒形长荚果，种子呈肾脏形。嫩豆荚细长，肉质肥厚，可作蔬菜食用。炒食脆嫩，也可烫后凉拌或腌泡，也有晒成干豆角储存过冬的。

煨三笋

将天目笋①、冬笋、问政笋②煨入鸡汤，号"三笋羹"。

注释：

①天目笋：杭州天目山出产的竹笋。
②问政笋：安徽歙县问政山出产的竹笋。

芋煨白菜

芋煨极烂，入白菜心烹之，加酱水调和。家常菜之最佳者惟白菜，须新摘肥嫩者，色青则老，摘久则枯。

香珠豆

毛豆至八九月间晚收者，最阔大而嫩，号"香珠豆"。煮熟，以秋油、酒泡之；出壳可，带壳亦可，香软可爱。寻常之豆，不可食也。

马兰

马兰头①菜，摘取嫩者，醋合笋拌食。油腻后食之，可以醒脾②。

注释：

①马兰头：即马兰，菊科多年生草本植物，地下有细长根状茎，匍匐平卧，白色有节。初春长基生叶，初夏地上茎增高。马兰幼嫩的地上茎叶可作蔬菜食用，炒食、凉拌或做汤，香味浓郁，营养丰富。
②醒脾：唤醒脾胃。

杨花菜

南京三月有杨花菜①,柔脆与波菜相似,名甚雅。

注释:

①杨花菜:杨花即柳絮。杨花菜,袁枚形容其"柔脆与波菜相似",可见二者并非一物。关于杨花菜的记载不详。

问政笋丝

问政笋,即杭州笋也。徽州人送者,多是淡笋干,只好泡烂切丝,用鸡肉汤煨用。龚司马取秋油煮笋,烘干上桌,徽人食之惊为异味,余笑其如梦之方醒也。

炒鸡腿蘑菇

芜湖大庵和尚洗净鸡腿,蘑菇去沙,加秋油、酒炒熟,盛盘宴客,甚佳。

猪油煮萝卜

用熟猪油炒萝卜,加虾米煨之,以极熟为度。临起加葱花,色如琥珀。

小菜单

小菜佐食，如府史胥徒佐六官①也。醒脾解浊，全在于斯。作小菜单。

注释：

①府史胥徒佐六官：府，掌管财货或文书之官。史，掌管法典和记事之官。胥徒，官府中供驱役之人。六官，中央政权置吏、户、礼、兵、刑、工六部，六部之尚书总称六官。

笋脯

笋脯出处最多，以家园所烘为第一。取鲜笋加盐煮熟，上篮烘之。须昼夜环看，稍火不旺则溲矣。用清酱者，色微黑。春笋、冬笋皆可为之。

天目笋

天目笋多在苏州发卖，其篓中盖面者最佳，下二寸便搀入老根硬节矣。须出重价，专买其盖面者数十条，如集狐成腋①之义。

注释：

①集狐成腋：即集腋成裘，意为狐狸腋下的皮虽很小，但聚集起来就能缝制成一件皮袍。比喻积少成多。

玉兰片①

以冬笋烘片，微加蜜焉。苏州孙春杨家有盐、甜二种，以盐者为佳。

注释：

①玉兰片：毛竹笋的薄片干制品，多用冬笋加工而成，由于形状和色泽很像玉兰花的花瓣，故称玉兰片。

素火腿

处州①笋脯，号"素火腿"，即处片也。久之太硬，不如买毛笋自烘之为妙。

注释：

①处州：隋开皇九年（589）置，治括苍；辖境相当于今浙江丽水、缙云等市县地，1912年废。

宣城笋脯

宣城①笋尖，色黑而肥，与天目笋大同小异，极佳。

注释：

①宣城：唐初置宣州，明清为宁国府所在地，2001年设宣城市。

人参笋

制细笋如人参形，微加蜜水。扬州人重之，故价颇贵。

笋油

笋十斤，蒸一日一夜，穿通其节，铺板上，如作豆腐法，上加一板压而榨之，使汁水流出，加炒盐一两，便是笋油。其笋晒干，仍可作脯。天台僧制以送人。

糟油

糟油①出太仓州②，愈陈愈佳。

注释：

① 糟油：用糟汁、盐、味精调匀的油，可用来拌食禽、肉、凉菜等。可解腥气，除异味，提鲜增香，开胃增食。
② 太仓州：明弘治十年（1497）置太仓州，属苏州府，建州时范围基本为现太仓市。

虾油①

买虾子数斤，同秋油入锅熬之；起锅，用布沥出秋油，仍将布包虾子，同放罐中盛油。

注释：

① 虾油：又称虾油露，是以鲜虾为原料，经腌渍、发酵、熬炼后提取的调味料。虾油含有鲜虾浸出物的各种营养成分，且味美价廉，是传统海产调味品。

喇虎酱

秦椒①捣烂，和甜酱蒸之，可用虾米揆入。

注释：

①秦椒：辣椒中的佳品，主要产于关中地区。

熏鱼子

熏鱼子色如琥珀，以油重为贵，出苏州孙春杨家。愈新愈妙，陈则味变而油枯。

腌冬菜、黄芽菜

腌冬菜①、黄芽菜，淡则味鲜，咸则味恶。然欲久放，则非盐不可。常腌一大坛，三伏时开之，上半截虽臭烂，而下半截香美异常，色白如玉。甚矣！相士之不可但观皮毛也。

注释：

①冬菜：用白菜或芥菜等腌制成的干菜。

莴苣

食莴苣有二法：新酱者，松脆可爱；或腌之为脯，切片食甚鲜。然必以淡为贵，咸则味恶矣。

香干菜

春芥心风干,取梗淡腌,晒干,加酒,加糖,加秋油,拌后再加蒸之,风干入瓶。

冬芥

冬芥,名雪里红①。一法整腌,以淡为佳;一法取心风干,斩碎腌入瓶中。熟后,放鱼羹中,极鲜;或用醋熨入锅中作辣菜亦可,煮鳗、煮鲫鱼最佳。

注释:

①雪里红:即雪里蕻(hóng),一年或二年生草本植物,叶子长圆形,有锐锯齿及缺刻,花鲜黄色,种子褐色。雪天诸菜冻损,此菜独变红,故名。

春芥

取芥心风干、斩碎,腌熟入瓶,号称"挪菜"。

芥头

芥根切片,入菜同腌,食之甚脆;或整腌晒干作脯,食之尤妙。

芝麻菜

腌芥晒干,斩之碎极,蒸而食之,号"芝麻菜",老人所宜。

腐干丝

将好腐干切丝极细,以虾子、秋油拌之。

风瘪菜

将冬菜取心风干,腌后笮①出卤,小瓶装之,泥封其口,倒放灰上。夏食之,其色黄,其臭香。

注释:
①笮(zuó):竹篾拧成的绳索,这里是挤的意思。

糟菜

取腌过风瘪菜,以菜叶包之,每一小包,铺一面香糟,重叠放坛内。取食时,开包食之,糟不沾菜,而菜得糟味。

酸菜

冬菜心风干微腌,加糖、醋、芥末,带卤入罐中,微加秋油亦可。席间醉饱之余食之,醒脾解酒。

台菜心

取春日台菜心腌之,笋出其卤,装小瓶之中,夏日食之。风干其花,即名"菜花头",可以烹肉。

大头菜

大头菜出南京承恩寺,愈陈愈佳。入荤菜中,最能发鲜。

萝卜

萝卜取肥大者,酱一二日即吃,甜脆可爱。有侯尼能制为鲞,剪片如蝴蝶,长至丈许,连翩不断,亦一奇也。承恩寺有卖者,用醋为之,以陈为妙。

乳腐

乳腐[1]以苏州温将军庙前者为佳,黑色而味鲜,有干、湿二种,有虾子腐亦鲜,微嫌腥耳。广西白乳腐最佳,王库官家制亦妙。

注释:

[1] 乳腐:即豆腐乳。用小块的豆腐做坯,经过发酵、腌制而成。也叫腐乳、酱豆腐。

酱炒三果

核桃、杏仁去皮，榛子不必去皮。先用油炮脆，再下酱，不可太焦。酱之多少，亦须相物而行。

酱石花

将石花[1]洗净入酱中，临吃时再洗。一名"麒麟菜"。

注释：

①石花：即石花菜，又名鸡脚菜，在我国分布于黄海、渤海等地区。可供食用和药用，也可用于制作琼胶。

石花糕

将石花熬烂作膏，仍用刀划开，色如蜜蜡。

小松菌

将清酱同松菌入锅滚熟，收起，加麻油入罐中。可食二日，久则味变。

吐蛈

吐蛈出兴化、泰兴。有生成极嫩者，用酒酿浸之，加糖，则自吐其油。名为"泥螺"[1]，以无泥为佳。

注释：

①泥螺：软体动物，壳卵圆形，薄而脆。体肥，略带黄色，不能全部缩入壳内，可供食用。又名泥蛳、麦螺蛤。

海蜇

用嫩海蜇①，甜酒浸之，颇有风味。其光者名为"白皮"，作丝，酒、醋同拌。

注释：

①海蜇：又名水母、石镜，外形似伞，又如白蘑菇。形如蘑菇头的部分是海蜇皮，伞盖下蘑菇柄状的口腔与触须是海蜇头。海蜇不仅营养价值高，且有药用价值。

虾子鱼

子鱼出苏州，小鱼生而有子。生时烹食之，较美于鲞。

酱姜

生姜取嫩者微腌，先用粗酱套①之，再用细酱套之，凡三套而味成。古法用蝉退②一个入酱，则姜久而不老。

注释：

①套：这里指糊在生姜上进行腌制。
②蝉退：即知了壳，也叫蝉蜕，可入药。

酱瓜

将瓜腌后，风干入酱，如酱姜之法。不难其甜，而难其脆。杭州施鲁箴家制之最佳。据云：酱后晒干又酱，故皮薄而皱，上口脆。

新蚕豆

新蚕豆之嫩者，以腌芥菜炒之，甚妙。随采随食方佳。

腌蛋

腌蛋以高邮①为佳，颜色红而油多。高文端公最喜食之，席间先夹取以敬客。放盘中，总宜切开带壳，黄白兼用；不可存黄去白，使味不全，油亦走散。

注释：

①高邮：西汉置高邮县，1991年设县级高邮市。

混套

将鸡蛋外壳微敲一小洞，将清、黄倒出，去黄用清，加浓鸡卤煨就者拌入，用箸打良久，使之融化，仍装入蛋壳中，上用纸封好，饭锅蒸熟，剥去外壳，仍浑然一鸡卵也，味极鲜。

茭瓜脯

茭瓜①入酱,取起风干,切片成脯,与笋脯相似。

注释:

①茭瓜:即茭白。

牛首腐干

豆腐干以牛首僧制者为佳。但山下卖此物者有七家,惟晓堂和尚家所制方妙。

酱王瓜

王瓜初生时,择细者腌之入酱,脆而鲜。

点心单

梁昭明①以点心为小食，郑傪嫂②劝叔"且点心"，由来旧矣。作点心单。

注释：
①梁昭明：即南梁武帝萧衍长子萧统，两岁时被立为太子，三十四岁时荡舟摘莲溺水身亡，死后谥昭明。萧统自幼聪颖，后主持编纂《昭明文选》。昭明好食点心，每读书饥饿时用以充饥，称小食。
②郑傪嫂：疑为清代郑傪之妻。

鳗面

大鳗一条蒸烂，拆肉去骨，和入面中，入鸡汤清揉之，擀成面皮，小刀划成细条，入鸡汁、火腿汁、蘑菇汁滚。

温面

将细面下汤沥干，放碗中，用鸡肉、香蕈浓卤，临吃各自取瓢加上。

鳝面

熬鳝成卤，加面再滚。此杭州法。

裙带面

以小刀截面成条，微宽，则号"裙带面"。大概作面总以汤多卤重、在碗中望不见面为妙。宁使食毕再加,以便引人入胜。此法扬州盛行,恰甚有道理。

素面

先一日将蘑菇蓬熬汁,定清;次日将笋熬汁,加面滚上。此法扬州定慧庵僧人制之极精,不肯传人。然其大概亦可仿求。其汤纯黑色,或云暗用虾汁、蘑菇原汁,只宜澄去泥沙,不可换水,一换水则厚味薄矣。

蓑衣饼

干面用冷水调,不可多揉,擀薄后卷拢,再擀薄了,用猪油、白糖铺匀,再卷拢擀成薄饼,用猪油煤黄。如要盐的,用葱、椒、盐亦可。

虾饼

生虾肉,葱、盐、花椒、甜酒脚[①]少许,加水和面,香油灼透。

注释:
① 甜酒脚:酒器中的甜残酒。

薄饼

山东孔藩台①家制薄饼，薄若蝉翼，大若茶盘，柔腻绝伦。家人如其法为之，卒不能及，不知何故。秦人②制小锡罐，装饼三十张，每客一罐，饼小如柑。罐有盖，可以贮。馅用炒肉丝，其细如发，葱亦如之。猪羊并用，号曰"西饼"。

注释：

①藩台：明清时布政使的俗称。
②秦人：指陕西、甘肃一带的人。

松饼①

南京莲花桥教门方店最精。

注释：

①松饼：又名松糕、蓬松饼，江苏南京传统面食小吃。

面老鼠①

以热水和面，俟鸡汁滚时，以箸夹入，不分大小，加活菜心，别有风味。

注释：

①面老鼠：即面疙瘩。民国时期徐珂所著《清稗类钞》里记载的面老鼠的做法与袁枚所述相同，提及名称，"曰老鼠，以其形似也"。

颠不棱（即肉饺也）

糊面摊开，裹肉为馅蒸之。其讨好处，全在作馅得法，不过肉嫩去筋加作料而已。余到广东，吃官镇台①颠不棱，甚佳。中用肉皮煨膏为馅，故觉软美。

注释：

①官镇台：经考证应为调任广东的总兵官福。官福曾任职今齐齐哈尔市，对饺子自然熟悉；而袁枚为知名老饕，更知道饺子为何物，故"颠不棱"应该形似饺子，但与之略有差异。

肉馄饨

作馄饨与饺同。

韭合

韭白拌肉，加作料，面皮包之，入油灼之，面内加酥更妙。

面衣

糖水糊面，起油锅令热，用箸夹入。其作成饼形者，号"软锅饼"。杭州法也。

烧饼

用松子、胡桃仁敲碎,加冰糖屑、脂油和面炙之,以两面黄为度,而加芝麻。扣儿会做。面罗①至四五次,则白如雪矣。须用两面锅,上下放火,得奶酥更佳。

注释:
①罗:筛。

千层馒头

杨参戎①家制馒头,其白如雪,揭之如有千层。金陵人不能也。其法扬州得半,常州、无锡亦得其半。

注释:
①参戎:明清武官参将的俗称。

面茶

熬粗茶汁,炒面兑入,加芝麻酱亦可,加牛乳亦可,微加一撮盐。无乳则加奶酥、奶皮亦可。

杏酪

捶杏仁作浆,绞去渣,拌米粉,加糖熬之。

粉衣

如作面衣之法,加糖、加盐俱可,取其便也。

竹叶粽

取竹叶裹白糯米煮之,尖小如初生菱角。

萝卜汤圆

萝卜刨丝,滚熟去臭气,微干,加葱、酱拌之,放粉团中作馅,再用麻油灼之,汤滚亦可。春圃方伯家制萝卜饼,扣儿学会,可照此法作韭菜饼、野鸡饼试之。

水粉汤圆

用水粉①和作汤圆,滑腻异常,中用松仁、核桃、猪油、糖作馅,或嫩肉去筋丝捶烂,加葱末、秋油作馅亦可。作水粉法,以糯米浸水中一日夜,带水磨之,用布盛接,布下加灰,以去其渣,取细粉晒干用。

注释:

①水粉:即水磨糯米粉。

脂油糕

用纯糯粉拌脂油，放盘中蒸熟，加冰糖捶碎入粉中，蒸好用刀切开。

雪花糕

蒸糯饭捣烂，用芝麻屑加糖为馅，打成一饼，再切方块。

软香糕

软香糕以苏州都林桥为第一，其次虎邱糕，西施家为第二。南京南门外报恩寺则第三矣。

百果糕

杭州北关外卖者最佳。以粉糯，多松仁、胡桃而不放橙丁者为妙。其甜处非蜜非糖，可暂可久。家中不能得其法。

栗糕

煮栗极烂，以纯糯粉加糖为糕蒸之，上加瓜仁、松子。此重阳小食也。

青糕、青团

捣青草为汁,和粉作糕团,色如碧玉。

合欢饼

蒸糯为饭,以木印印之,如小珙璧①状,入铁架熯之,微用油,方不粘架。

注释:

①珙璧:即拱璧。大璧,泛指珍贵的宝物。

鸡豆糕

研碎鸡豆①,用微粉为糕,放盘中蒸之。临食,用小刀片开。

注释:

①鸡豆:即芡实。芡是大型水生观叶植物,三月生叶大似荷,浮于水面,面青背紫,有芒刺,江南水八仙之一,夏日茎端开紫花,结实如栗球而尖,雪白如玉,可食。

鸡豆粥

磨碎鸡豆为粥,鲜者最佳,陈者亦可。加山药、茯苓尤妙。

金团

杭州金团,凿木为桃、杏、元宝之状,和粉搦①成,入木印中便成。其馅不拘荤素。

注释:
①搦(nuò):用手来回按压、揉捏。

藕粉、百合粉

藕粉非自磨者,信之不真。百合粉亦然。

麻团

蒸糯米捣烂为团,用芝麻屑拌糖作馅。

芋粉团

磨芋粉晒干,和米粉用之。朝天宫道士制芋粉团,野鸡馅,极佳。

熟藕

藕须贯米加糖自煮,并汤极佳。外卖者多用灰水,味变,不可食也。余性爱食嫩藕,虽软熟而以齿决,故味在也。如老藕一煮成泥,便无味矣。

新栗、新菱

新出之栗,烂煮之,有松子仁香。厨人不肯煨烂,故金陵人有终身不知其味者。新菱亦然,金陵人待其老方食故也。

莲子

建莲①虽贵,不如湖莲②之易煮也。大概小熟抽心去皮,后下汤,用文火煨之。闷住合盖,不可开视,不可停火。如此两炷香,则莲子熟时不生骨③矣。

注释:
①建莲:福建所产莲子。
②湖莲:湖南所产莲子,也叫湘莲。
③生骨:生硬,发硬。

芋

十月天晴时,取芋子、芋头,晒之极干,放草中,勿使冻伤。春间煮食,有自然之甘。俗人不知。

萧美人点心

仪真①南门外,萧美人②善制点心,凡馒头、糕、饺之类,小巧可爱,洁白如雪。

注释：

①仪真：明洪武二年（1369），置仪真县。清雍正元年（1723）改仪征县。1986年改仪征市。

②萧美人：清乾隆年间著名女点心师，被当代中国餐饮界列为中国古代十大名厨之一。清人吴煊诗曰："妙手纤纤和粉匀，搓酥糁拌擅奇珍。自从香到江南日，市上名传萧美人。"

刘方伯月饼

用山东飞面①，作酥为皮，中用松仁、核桃仁、瓜子仁为细末，微加冰糖和猪油作馅，食之不觉甚甜，而香松柔腻，迥异寻常。

注释：

①飞面：此处指精面粉。

陶方伯十景点心

每至年节，陶方伯夫人手制点心十种，皆山东飞面所为。奇形诡状，五色纷披，食之皆甘，令人应接不暇。萨制军①云："吃孔方伯薄饼，而天下之薄饼可废；吃陶方伯十景点心，而天下之点心可废。"自陶方伯亡，而此点心亦成《广陵散》②矣。呜呼！

注释：

①制军：明清时期总督的别称。也叫制台。

②《广陵散》：又名《广陵止息》，著名十大古琴曲之一，魏晋名士嵇康以善弹此曲著称。

杨中丞西洋饼

用鸡蛋清和飞面作稠水,放碗中。打铜夹剪一把,头上作饼形,如碟大,上下两面,铜合缝处不到一分。生烈火烘铜夹,撩稠水,一糊一夹一燩,顷刻成饼。白如雪,明如绵纸,微加冰糖、松仁屑子。

白云片

白米锅巴,薄如绵纸,以油炙之,微加白糖,上口极脆。金陵人制之最精,号"白云片"。

风枵

以白粉①浸透,制小片,入猪油灼之,起锅时,加糖糁之,色白如霜,上口而化。杭人号曰"风枵"②。

注释:
①白粉:大米粉和糯米粉掺在一起。
②风枵(xiāo):也叫镬糍,即糯米锅巴。

三层玉带糕

以纯糯粉作糕,分作三层,一层粉,一层猪油、白糖,夹好蒸之,蒸熟切开。苏州人法也。

运司糕

卢雅雨①作运司②,年已老矣。扬州店中作糕献之,大加称赏。从此,遂有"运司糕"之名。色白如雪,点胭脂,红如桃花,微糖作馅,淡而弥旨。以运司衙门前店作为佳,他店粉粗色劣。

注释:

①卢雅雨:原名卢见曾,山东德州人,字抱孙,号澹园,亦号雅雨山人,清朝两淮盐运使。

②运司:清代时都转盐运使司盐运使的简称。

沙糕

糯粉蒸糕,中夹芝麻、糖屑。

小馒头、小馄饨

作馒头如胡桃大,就蒸笼食之,每箸可夹一双,扬州物也。扬州发酵最佳,手捻之不盈半寸,放松仍隆然而高。小馄饨小如龙眼,用鸡汤下之。

雪蒸糕法

每磨细粉,用糯米二分、粳米八分为则。一拌粉,将粉置盘中，用凉水细细洒之，以捏则如团、撒则如砂为度。将粗麻筛筛出，其剩下块搓碎，仍于筛上尽出之，前后和匀，使干湿不偏枯①，以巾覆之，勿令风干日燥，听用（水中酌加上洋糖则更有味；拌粉与市中枕儿糕法同）。一锡圈及锡钱②，俱宜洗剔极净，临时略将香油和水，布蘸拭之。每一蒸后，必一洗一拭。一锡圈内，将锡钱置妥，先松装粉一小半，将果馅轻置当中，后将粉松装满圈，轻轻挡③平，套汤瓶上盖之，视盖口气直冲为度。取出覆之，先去圈，后去钱，饰以胭脂，两圈更递为用。一汤瓶宜洗净，置汤分寸以及肩为度。然多滚则汤易涸，宜留心看视，备热水频添。

注释：

①偏枯：失去水分，发干。
②锡圈及锡钱：蒸糕的锡制模型。
③挡：捶打。

作酥饼法

冷定脂油一碗，开水一碗，先将油同水搅匀，入生面，尽揉，要软如擀饼一样；外用蒸熟面入脂油，合作一处，不要硬了。然后将生面做团子，如核桃大，将熟面亦作团子，略小一晕①；再将熟面团子包在生面团子中，擀成长饼，长可八寸，宽二三寸许，然后折叠如碗样，包上穰子。

注释：

①晕：圈，周。

天然饼

泾阳①张荷塘明府家制天然饼②,用上白飞面,加微糖及脂油为酥,随意搦成饼样,如碗大,不拘方圆,厚二分许。用洁净小鹅子石衬而熯之,随其自为凹凸,色半黄便起,松美异常。或用淡盐亦可。

注释:

① 泾阳:晚秦置泾阳县,现隶属陕西省咸阳市,泾河之北,"八百里秦川"之腹地。

② 天然饼:即干馍、饽饽,用热的石子作为炊具烙烫制成,油酥咸香,经久耐放,具有原始社会"石烹"的风格。

花边月饼

明府家制花边月饼,不在山东刘方伯之下。余常以轿迎其女厨来园制造,看用飞面拌生猪油,千团百搦,才用枣肉嵌入为馅,裁如碗大,以手搦其四边菱花样。用火盆两个,上下覆而炙之。枣不去皮,取其鲜也;油不先熬,取其生也。含之上口而化,甘而不腻,松而不滞,其工夫全在搦中,愈多愈妙。

制馒头法

偶食龙明府馒头,白细如雪,面有银光,以为是北面①之故。龙云不然。面不分南北,只要罗得极细。罗筛至五次,则自然白细,不必北面也,惟做酵最难。请其庖人来教,学之,卒不能松散。

注释：

①北面：北方产的细白面粉。

扬州洪府粽子

洪府制粽，取顶高①糯米，捡其完善长白者，去其半颗散碎者，淘之极熟，用大箬②叶裹之，中放好火腿一大块，封锅闷煨，一日一夜，柴薪不断。食之滑腻、温柔，肉与米化。或云：即用火腿肥者斩碎，散置米中。

注释：

①顶高：最好。
②箬（ruò）：指箬竹，其叶子宽大，可编制器物，用来包粽子有特别清香之味。

饭粥单

粥饭本也，余菜末也。本立而道生①，作饭粥单。

注释：

①本立而道生：语出《论语·学而》："君子务本，本立而道生。"意思是，君子为人做事要注重根本，只要立好了事物的根本，基本原则也就有了。

饭

王莽云："盐者，百肴之将。"余则曰："饭者，百味之本。"《诗》称："释之溲溲，烝之浮浮。"①是古人亦吃蒸饭，然终嫌米汁不在饭中。善煮饭者，虽煮如蒸，依旧颗粒分明，入口软糯。其诀有四：一要米好，或香稻，或冬霜，或晚米，或观音籼，或桃花籼，春之极熟，霉天风摊播之，不使惹霉发疹；一要善淘，淘米时不惜工夫，用手揉擦，使水从箩中淋出，竟成清水，无复米色；一要用火，先武后文，闷起得宜；一要相米放水，不多不少，燥湿得宜。往往见富贵人家，讲菜不讲饭，逐末忘本，真为可笑。余不喜汤浇饭，恶失饭之本味故也。汤果佳，宁一口吃汤，一口吃饭，分前后食之，方两全其美。不得已，则用茶、用开水淘之，犹不夺饭之正味。饭之甘，在百味之上，知味者，遇好饭不必用菜。

注释：

①释之溲溲，烝之浮浮：语出《诗经·大雅·生民》。释之，指用水淘米。溲溲，淘米声。浮浮，热气上腾的样子。这话的意思是，淘米的声音溲溲响，蒸饭的热气浮浮香。

粥

见水不见米，非粥也；见米不见水，非粥也。必使水米融洽，柔腻如一，而后谓之粥。尹文端公曰："宁人等粥，毋粥等人。"此真名言，防停顿而味变汤干故也。近有为鸭粥者，入以荤腥；为八宝粥者，入以果品，俱失粥之正味。不得已，则夏用绿豆，冬用黍米，以五谷入五谷，尚属不妨。余常食于某观察家，诸菜尚可，而饭粥粗粝①，勉强咽下，归而大病。常戏语人曰："此是五脏神暴落难，时故自禁受不得。"

注释：

①粗粝：形容食物的粗劣。

茶酒单

七碗生风①，一杯忘世，非饮用六清②不可，作茶酒单。

注释：

① 七碗生风：语出唐朝"茶仙"卢仝的《走笔谢孟谏议寄新茶》："七碗吃不得也，唯觉两腋习习清风生。"意指喝茶可令人神清气爽。
② 六清：即水、浆、醴（lǐ）、凉、医、酏（yǐ）等六饮。语出《周礼·天官·膳夫》："凡王之馈，食用六谷，膳用六牲，饮用六清……"晋代张载《登成都白菟楼》中更有"芳茶冠六清，溢味播九区"之语。

茶

　　欲治好茶，先藏好水。水求中泠①、惠泉②，人家中何能置驿而办③？然天泉水、雪水，力能藏之。水新则味辣，陈则味甘。尝尽天下之茶，以武夷山顶所生、冲开白色者为第一。然入贡尚不能多，况民间乎？其次，莫如龙井，清明前者号"莲心"，太觉味淡，以多用为妙；雨前最好，一旗一枪④，绿如碧玉。收法须用小纸包，每包四两，放石灰坛中，过十日则换石灰，上用纸盖札住，否则气出而色味全变矣。烹时用武火，用穿心罐⑤，一滚便泡，滚久则水味变矣。停滚再泡，则叶浮矣。一泡便饮，用盖掩之则味又变矣。此中消息，间不容发⑥也。山西裴中丞尝谓人曰："余昨日过随园⑦，才吃一杯好茶。"呜呼！公山西人也，能为此言。而我见士大夫生长杭州，一入宦场便吃熬茶，其苦如药，其色如血。此不过肠肥脑满⑧之人吃槟榔法也。俗矣！除吾乡龙井外，余以为可饮者，胪列⑨于后。

注释：

①中泠（líng）：在今江苏镇江市西北金山下的长江中。相传该水烹茶最佳，有"天下第一泉"之称。
②惠泉：即惠山泉，在今江苏省无锡市西郊惠山山麓锡惠公园内，唐代"茶圣"陆羽称之为"天下第二泉"。
③置驿而办：设驿站去办事，此处指取水送水。
④一旗一枪：指茶叶的嫩芽。茶芽展开称旗，茶芽尚未展开称枪。
⑤穿心罐：一种中间凸起的煮茶陶器。
⑥间不容发：中间容不下一根头发，比喻距离极小。
⑦随园：袁枚的住所。
⑧肠肥脑满：形容不劳而食的人吃得饱饱的，养得胖胖的。
⑨胪列：陈列。

武夷茶

余向不喜武夷茶，嫌其浓苦如饮药。然丙午①秋，余游武夷到曼亭峰、天游寺诸处，僧道争以茶献，杯小如胡桃，壶小如香橼②，每斟无一两。上口不忍遽③咽，先嗅其香，再试其味，徐徐咀嚼而体贴之。果然清芬扑鼻，舌有余甘。一杯之后，再试一二杯，令人释躁平矜，怡情悦性。始觉龙井虽清，而味薄矣；阳羡④虽佳，而韵逊矣。颇有玉与水晶，品格不同之故。故武夷享天下盛名，真乃不忝⑤。且可以瀹⑥至三次，而其味犹未尽。

注释：

①丙午：指乾隆五十一年（1786）。
②香橼：即枸橼，常绿小乔木或大灌木。果实长圆形，黄色；果皮粗而厚，可供观赏。果皮可入药。

③遽（jù）：急促，仓促。
④阳羡：今江苏省宜兴市，此处借指宜兴出产的茶。
⑤忝：有愧于。
⑥瀹（yuè）：煮。

龙井茶

杭州山茶，处处皆清，不过以龙井为最耳。每还乡上冢，见管坟人家送一杯茶，水清茶绿，富贵人所不能吃者也。

常州阳羡茶

阳羡茶，深碧色，形如雀舌①，又如巨米，味较龙井略浓。

注释：
①雀舌：雀鸟的舌头。

洞庭君山茶

洞庭君山①出茶，色味与龙井相同，叶微宽而绿过之，采掇最少。方毓川②抚军③曾惠两瓶，果然佳绝。后有送者，俱非真君山物矣。

此外如六安④、银针、毛尖、梅片、安化⑤，概行黜落。

注释：
①君山：原名湘山，又名洞庭山，即神仙洞府之庭。

②方毓川：即方世俊，安徽桐城人，清朝大臣。
③抚军：明清时巡抚的别称。
④六安：今安徽六安市，盛产茶叶，以六安瓜片闻名。
⑤安化：今湖南省益阳市安化县，盛产茶叶，如安化黑茶、安化松针等。

酒

余性不近酒，故律①酒过严，转能深知酒味。今海内动行绍兴，然沧酒②之清，浔酒③之冽，川酒之鲜，岂在绍兴下哉！大概酒似耆老宿儒④，越陈越贵。以初开坛者为佳，谚所谓"酒头茶脚"⑤是也。炖法不及则凉，太过则老，近火则味变，须隔水炖，而谨塞其出气处才佳。取可饮者，开列于后。

注释：

①律：评定，评价。
②沧酒：指河北沧州地区酿造的酒。
③浔酒：指产于浙江湖州南浔的酒。
④耆（qí）老宿儒：指年迈而有德行和学问的人。
⑤酒头茶脚：意为酒要喝开坛头批的酒，茶要饮后沏的茶。

金坛于酒

于文襄公①家所造，有甜、涩二种，以涩者为佳。一清彻骨，色若松花。其味略似绍兴，而清冽过之。

注释：

①于文襄公：即于敏中（1714—1780），字叔子，号耐圃，清代江苏金坛（今属常州）人。卒谥文襄。

德州卢酒

卢雅雨转运家所造，色如于酒，而味略厚。

四川郫筒酒

郫筒酒①，清冽彻底，饮之如梨汁、蔗浆，不知其为酒也。但从四川万里而来，鲜有不味变者。余七饮郫筒，惟杨笠湖②刺史③木簰④上所带为佳。

注释：

①郫（pí）筒酒：据《郫县志·政迹》载："山涛晋初为郫令，常剖竹筒酿醁酒，郫筒之名由是而起。"该酒色如琥珀，百步飘香，且有清热化痰之功效。
②杨笠湖：即杨潮观，字宏度，号笠湖，江苏无锡人。清代戏曲家，先后在晋、豫、滇、川等地任县令，后迁四川邛州知州，奉调泸州时已年迈，本不想赴任，因见泸州灾荒，毅然前往。袁枚《邛州知州杨君笠湖传》赞其"在泸不满百日，凡活五十九万七千人"，七十岁时在泸州任上告老还乡。
③刺史：官阶低于郡守，为巡察官性质。清代时是知州的别称。
④木簰（pái）：大木筏，可在水上漂流，载人、运货皆可。

绍兴酒

绍兴酒①，如清官廉吏，不参一毫假，而其味方真。又如名士耆英②，长留人间，阅尽世故，而其质愈厚。故绍兴酒，不过五年者不可饮,参水者亦不能过五年。余常称绍兴为名士,烧酒为光棍。

注释:

①绍兴酒:即绍兴黄酒,又称绍兴老酒,世界三大古酒之一。绍酒为橙黄色,如琥珀般澄澈透明,且越陈越香。
②耆(qí)英:指年长德高的人。

湖州南浔酒

湖州浔酒,味似绍兴,而清辣过之。亦以过三年者为佳。

常州兰陵酒

唐诗有"兰陵①美酒郁金香,玉碗盛来琥珀光"之句。余过常州,相国②刘文定公饮以八年陈酒,果有琥珀之光。然味太浓厚,不复有清远之意矣。宜兴有蜀山酒,亦复相似。至于无锡酒,用天下第二泉所作,本是佳品,而被市井人苟且为之,遂至浇淳散朴③,殊可惜也。据云有佳者,恰未曾饮过。

注释:

①兰陵:初建于春秋时期,今隶属山东临沂。
②相国:秦以后辅佐皇帝的百官之首,清代时则专指内阁大学士。
③浇淳散朴:失去了醇厚与质朴,这里指质量下降。

溧阳乌饭酒

余素不饮,丙戌年①在溧水②叶比部家,饮乌饭③酒,至十六杯,傍人大骇,来相劝止。而余犹颓然,未忍释手。其色黑,其味甘鲜,口不能言其妙。据云溧水风俗:生一女,必造酒一坛,以青精饭为之。俟嫁此女,才饮此酒,以故极早亦须十五六年。打瓮时只剩半坛,质能胶口,香闻室外。

注释:

①丙戌年:乾隆三十一年(1766)。
②溧水:隋开皇十八年(598)置县;2013年撤县立区,属江苏南京。
③乌饭:以南烛(即乌饭树)之叶染色的米煮成的饭,颜色乌青,也称青精饭,道家认为长期食用可以强身延寿。

苏州陈三白

乾隆三十年,余饮于苏州周慕庵家。酒味鲜美,上口粘唇,在杯满而不溢。饮至十四杯,而不知是何酒,问之,主人曰:"陈十余年之三白酒也。"因余爱之,次日再送一坛来,则全然不是矣。甚矣!世间尤物之难多得也。按郑康成①《周官》注"盎齐"云:"盎者翁翁然,如今酂白②。"疑即此酒。

注释:

①郑康成:即郑玄,东汉儒家学者、经学家。
②酂(zàn)白:即盎齐。据《周礼·天官·酒正》记载:"盎,犹翁也,成而翁翁然,葱白色,如今酂白矣。"

金华酒

　　金华酒，有绍兴之清，无其涩；有女贞①之甜，无其俗。亦以陈者为佳，盖金华一路水清之故也。

注释：

①女贞：即女贞子酒，取女贞树的果实酿造而成。

山西汾酒

　　既吃烧酒，以狠为佳。汾酒乃烧酒之至狠者。余谓烧酒者，人中之光棍，县中之酷吏也。打擂台，非光棍不可；除盗贼，非酷吏不可；驱风寒、消积滞，非烧酒不可。汾酒之下，山东膏粱烧次之，能藏至十年，则酒色变绿，上口转甜，亦犹光棍做久，便无火气，殊可交也。常见童二树家泡烧酒十斤，用枸杞四两、苍术二两、巴戟天一两，布扎一月，开瓮甚香。如吃猪头、羊尾、跳神肉之类，非烧酒不可，亦各有所宜也。

　　此外如苏州之女贞、福贞、元燥，宣州之豆酒，通州之枣儿红，俱不入流品；至不堪者，扬州之木瓜也，上口便俗。